JN150643

町田安全衛生リサーチ代表
元労働基準監督署長
村木 宏吉

大成出版社

はしがき

平成30年(2018年)6月に「働き方改革関連法案」が一括して成立し、これによる改正労働基準法等が平成31年(2019年)4月1日から施行されました。この改正は、建設業界にとって大きな出来事です。これまでのやり方では通りません。

また、これに先だって国土交通省は、年金と社会保険への全加入を進めています。働き方改革については、所管の厚生労働省(労働基準監督署)のみならず、国土交通省も積極的に取り組んでいます。

本書は、これらの状況を踏まえ、主として労務管理面での必要な知識と実務、すなわち何をしなければならないかを述べたものです。中小企業であってもこれだけはやらなければなりません。

労務管理には、労働基準法をはじめとする労働関係法令の知識が不可欠です。また、建設業に従事する労働者が不足していることから、今後さらに増加するであろう外国人労働者の使用についても、最近の法令改正を踏まえて対応することが必要です。

特に、平成29年(2017年)11月1日に施行された「外国人の技能実習の適正な実施及び技能実習生の保護に関する法律(略称「外国人技能実習法」)」では、その受入について新たな制度となりました。これに伴い、出入国管理及び難民認定法も改正され、平成31年4月から新たな在留資格も創設されましたので、これらに違反しないようにしなければなりません。

また、今後は建設業の店社への労働基準監督署の立入調査が増えることが予想されます。協力会社も同様であり、これまでの安全衛生管理に関する事項の確認に加えて労務管理面、特に労働時間と割増賃金についてもチェックされますので、その対応についても理解しておく必要があります。

本書は、「知っておきたい建設業の労務知識Q&A」として発行された書籍を、上記の経済・社会情勢等を踏まえて全面改訂し改題したものです。これにより、元請と協力会社が一致協力して健全な労務管理を進めることに役立つとともに、建設業における人手不足の解消・人材確保等にもお手伝いできる内容にすることができたと考えております。健全な労務管理により、各社が益々ご発展されますことを期待いたします。

2019 年 7 月

労働衛生コンサルタント
村木宏吉

目次

はしがき

第1章
働き方改革と建設業

Q1 働き方改革と建設業とは、どのような関係があるのでしょうか？ …… 19
Q2 これまでの1人工、半人工という計算ではだめなのでしょうか？ …… 21
Q3 請負代金には、残業の割増分などは含まれていないので、割増の残業代を時間どおりに支払うとなると、作業が遅い労働者の収入が多くなるのではないでしょうか？ …… 22
Q4 毎回経営者が工事の現場に行くわけにはいかない現状です。タイムカードなどがない業界ですが、毎日の勤務時間の把握は、どのようにすればよいのでしょうか？ …… 23
Q5 残業や休日出勤を行わせるには何か手続があると聞きましたが、どのような手続でしょうか？ …… 24
Q6 残業や休日出勤に対する労働基準監督署の規制が厳しくなったのは、何か理由があるのでしょうか？ …… 25
Q7 過重労働による健康障害には、どのようなものがあるのでしょうか？ …… 26
Q8 過重労働による健康障害を防ぐためには、会社として何をしなければならないのでしょうか？ …… 27
Q9 脳・心臓疾患の発症予備軍の労働者への注意事項としては、どのようなことがありますか？ …… 30
Q10 年次有給休暇を5日は会社が指定して休ませなければならないとのことですが、どのようにすればよいでしょうか？ …… 32

第2章
労働者の募集時等

Q11 建設事業を開始するときの手続とは、どのようにすればよいのでしょうか？ …… 35
Q12 いわゆる「丸投げ」とは、どのような問題がありますか？ …… 37

Q13 労働者を募集するときには、どのようなことに
注意する必要がありますか？ 38

Q14 求人票や募集広告の内容と実際の労働条件が
違うことがあってもよいのでしょうか？ 40

Q15 出稼労働者を採用するときには、
どのようなことに注意する必要がありますか？ 41

Q16 外国人労働者の採用について、
注意すべき点はどのようなことでしょうか？ 43

Q17 雇用契約期間を長くする場合、
どの程度が限度でしょうか？ 45

Q18 雇用契約期間の途中で退職したら、
罰金を取るというのは認められますか？ 46

Q19 「労働条件通知書」とは、どのような書類ですか？ 47

Q20 採用するときの賃金は、
最低限度が定められているのですか？ 53

Q21 最低賃金に満たない額で雇うことができますか？ 55

Q22 「軽易な業務に従事する者」と、
「断続的労働に従事する者」とはどのような仕事を
している場合でしょうか？ 57

Q23 働きぶりをみないと賃金額を決められないと思いますが、
仮の金額を決めておいて、後日下げることは
可能でしょうか？ 58

Q24 玉掛け技能講習などの仕事に必要な資格をとるための費用を
会社が負担した場合、すぐに会社を辞めた場合には
本人の賃金から差し引いてよいでしょうか？ 59

Q25 労働者を社会保険に加入させなければならないのは、
どのような場合でしょうか？
パート・アルバイトの労働者の場合にはどうでしょうか？ 60

Q26 パート・アルバイト等の厚生年金保険加入要件は、
どのようになっているのでしょうか？ 62

Q27 労働者を雇用保険に加入させなければならないのは、
どのような場合でしょうか？
パート・アルバイトの労働者の場合にはどうでしょうか？ 64

Q28 日雇い労働者の雇用保険とは、
どのようなものでしょうか？ 65

Q29 労災保険は、元請が加入していることで、
下請の当社は加入しなくてもよいのでしょうか？ 67

Q30 適用事業報告は、どのような場合に提出しなければならないのでしょうか？ …… 68

第3章 マイナンバー制度、社会保険未加入問題

Q31 マイナンバー制度とは、どのようなものでしょうか？ …… 75
Q32 マイナンバー制度のメリットは、どのようなことでしょうか？ …… 76
Q33 マイナンバー制度は、個人にとってはどのようなメリットがあるのでしょうか？ …… 77
Q34 会社としては、マイナンバー制度について、どのようなことをしなければならないのでしょうか？ …… 78
Q35 マイナンバーカードとは、どのようなものでしょうか？ …… 80
Q36 労働者が会社にマイナンバーを提供すると、悪用されることはないのでしょうか？ …… 81
Q37 労働者がマイナンバーを会社に提供しないとどうなりますか？ …… 82
Q38 外国人労働者のマイナンバーはどうなりますか？ …… 83
Q39 会社のマイナンバーとは、どういうことでしょうか？ …… 84
Q40 建設業の社会保険未加入問題とは、どのようなことでしょうか？ …… 85
Q41 社会保険を所管している厚生労働省ではなく、国土交通省が年金等未加入を問題としているのはなぜでしょうか？ …… 86
Q42 社会保険の未加入解消のための費用負担は、どうなるのでしょうか？ …… 87
Q43 社会保険に新規に加入する場合、どのような手続が必要でしょうか？ …… 88

第4章 現場入場時

Q44 雇用管理責任者とは、どのようなものでしょうか？ …… 91

Q45 雇用管理責任者に選任するための
資格があるのでしょうか？ ……… 92
Q46 雇用管理責任者を選任した場合、
行政官庁に報告などが必要なのでしょうか？ ……… 92
Q47 現場入場時教育とは、どのようなものでしょうか？ ……… 93
Q48 送り込み時教育とは、どのようなものでしょうか？ ……… 94
Q49 安全衛生教育は、
どのようなことを実施するのでしょうか？ ……… 95
Q50 特別教育とは、どのようなものでしょうか？ ……… 96
Q51 福島県の制限区域内で作業を行うときの
安全衛生教育の内容はどうなっているのでしょうか？ ……… 104
Q52 乗り込みセットとは、どのようなものでしょうか？ ……… 108
Q53 乗り込みマップとは、どのようなものでしょうか？ ……… 118
Q54 雇用関係の確認（だれに雇われているか？）は、
なぜ必要なのでしょうか？ ……… 119
Q55 現場ごとに適用事業報告と36協定届を労働基準監督署に
提出しなければならないのでしょうか？（元請と下請） ……… 121
Q56 ごく短期の現場の場合にも、
適用事業報告等の書類の届出が必要なのでしょうか？ ……… 122
Q57 現場単位で就業規則を届け出なければ
ならないのでしょうか？ ……… 123
Q58 元請に内緒で下請を使うことは、できるのでしょうか？ ……… 124
Q59 一人親方を雇うとき、
どのような点に注意しなければならないのでしょうか？ ……… 125
Q60 工事現場で必要な資格には、どのようなものがありますか？ ……… 126
Q61 職長・安全衛生責任者とは、どのようなものでしょうか？ ……… 128
Q62 元方安全衛生管理者とは、どのようなものでしょうか？ ……… 130

第5章
賃金、労働時間、休日と深夜労働

Q63 出来高払制の保障給とは、どのようなことでしょうか？ ……… 135
Q64 保障給の最低限度額は、いくらか決まっているのでしょうか？ ……… 136

Q65 最低賃金を下回る賃金額を支払うことは、
どのような場合に認められますか？……137

Q66 労働時間、休憩と休日の原則は
どうなっているのでしょうか？……138

Q67 現場に入るとき、
労働基準監督署に届け出る3点セットが必要と聞きました。
どのようなものでしょうか？……139

Q68 ゼネコンの店社（本社、支店等）の業種は、
何業でしょうか？……141

Q69 時間外労働及び休日労働に関する
協定届を出していないと、
残業をさせることはできないのでしょうか？……143

Q70 深夜労働とは、どのようなものでしょうか？……145

Q71 元請から請負代金が入らないので、
従業員の賃金が支払えないのは
やむを得ないと認められるのでしょうか？……146

Q72 建設工事の上の会社から
請負代金が入金されない場合、
どこに相談すればよいのでしょうか？……148

Q73 年次有給休暇とは、どのようなものでしょうか？……149

Q74 サービス残業とは、どのようなことでしょうか？……150

Q75 割増賃金の支払いは、どのようにするのでしょうか？……151

Q76 平成22年（2010年）4月1日施行の改正労働基準法では、
1か月60時間を超える時間外労働に対し、
5割以上の割増賃金を支払わなければ
ならないことになったそうですが、
建設業の場合にはどうなるのでしょうか？……152

Q77 雨降りは、休日とすることができるのでしょうか？……153

Q78 休日の振替と代休は違うのでしょうか？……154

Q79 台風で現場が休みとなった場合、
賃金の保障をしなければならないのでしょうか？……155

Q80 現場監督イコール管理監督者として、
残業代を支払わないのは違法でしょうか？……156

Q81 建設業退職金共済制度（建退共）とは、
どのような制度でしょうか？……158

第6章
健康管理

Q82 労働者を雇い入れるときには、
必ず健康診断をしなければならないのでしょうか？……161
Q83 何のために健康診断を実施するのでしょうか？……162
Q84 健康診断の結果、異常が認められた場合、
雇入れを拒否してよいのでしょうか？……163
Q85 雇入れ時の健康診断の費用は、
だれが負担するのでしょうか？……164
Q86 日雇労働者を雇い入れるときの注意事項としては、
どのようなことがあるのでしょうか？……165
Q87 健康診断を実施した結果、
どのようなことをしなければならないのでしょうか？……166
Q88 熱中症とは、どのようなことでしょうか？……167
Q89 熱中症予防のポイントは、
どのようなことでしょうか？……168
Q90 過重労働による健康障害とは、
どのようなことでしょうか？……174
Q91 現場監督の過労死は、
労災保険で認められるのでしょうか？……176
Q92 現場で倒れても
労災にならない場合があると聞きましたが、
どのような場合でしょうか？……177
Q93 精神障害の労災認定基準は、
どのようになっているのでしょうか？……178
Q94 建設工事現場では、
どのような特殊健康診断をしなければ
ならないのでしょうか？……181
Q95 除染等業務従事者に対する健康管理は、
どのようにすべきなのでしょうか？……182

第7章
書類の整備等

Q96 元請に提出する書類とは別に
下請が作成しておく必要がある書類には、
どのようなものがあるのでしょうか？ …… 189

Q97 書類の保存は、何年間しておく必要があるのでしょうか？ …… 190

Q98 書類をパソコン等に
電子データで保存してもよいのでしょうか？ …… 196

Q99 労働基準監督署の立入調査では、どのような書類を
見せなければならないのでしょうか？ …… 197

Q100 下請が就業規則を労働基準監督署に
届け出なければならないのは、どのような場合なのでしょうか？…… 198

Q101 労働基準監督官から受けた是正勧告書や指導票の保存は、
どうすればよいのでしょうか？…… 199

第8章
寄宿舎

Q102「建設業附属寄宿舎」とは、どのようなものでしょうか？…… 203

Q103 下請が寄宿舎を使用しているかどうかを、
どうやって調べればよいのでしょうか？…… 205

Q104 寄宿舎の構造基準は、どうなっているのでしょうか？…… 208

Q105「望ましい建設業附属寄宿舎に関するガイドライン」の内容は、
どのようになっているのでしょうか？ …… 210

Q106 寄宿舎では、消火訓練を実施しなければならないのでしょうか？…… 214

Q107 寄宿舎では、避難訓練を実施しなければならないのでしょうか？…… 215

Q108 寄宿舎規則とは、どのようなものでしょうか？ …… 216

Q109 寄宿舎では門限を設けてもよいのでしょうか？ …… 217

Q110 外泊を許可制にすることはできないのでしょうか？…… 218

Q111 寄宿舎規則の届出には、どのような書類が必要なのでしょうか？…… 219

Q112 寄宿舎の管理と賄い（給食）業務を専門業者に
任せてもよいのでしょうか？…… 220

Q113 寄宿舎は、あらかじめ所轄労働基準監督署長に、
設置届を出さなければならないのでしょうか？ ……221

Q114 民間アパートの借り上げ宿舎の場合、
どのような手続が必要なのでしょうか？……222

Q115 寄宿舎での食事代を徴収する場合、
どのような点に注意が必要なのでしょうか？ ……222

Q116 寄宿舎で火災・食中毒等が発生した場合、
労災保険の取扱いはどうなるのでしょうか？ ……223

Q117 寄宿舎内で作業員同士のけんかにより負傷した場合、
労災保険の取扱いはどうなるのでしょうか？ ……225

Q118 寄宿舎内での一定の事故等が発生した場合には、
労働者死傷病報告を提出しなければならないのでしょうか？……226

Q119 寄宿舎ではないのですが、会社事務所の２階に
住まわせていた労働者が失火で負傷した場合、
労災保険の取扱いはどうなるのでしょうか？ ……231

第９章
労働者派遣と偽装請負

Q120 建設業では労働者派遣は、認められないのでしょうか？ ……235

Q121 労働者供給事業とは、どのようなことでしょうか？……236

Q122 建設現場における偽装請負とは、どのようなことでしょうか？……238

Q123 当社（下請）が偽装請負となった場合、
どのような責任が生じるのでしょうか？……240

Q124 偽装請負と認定されないためには、
どのようなことをしなければならないのでしょうか？（元請） ……241

Q125 偽装請負と認定されないためには、
どのようなことをしなければならないのでしょうか？（下請） ……242

Q126 現場の安全衛生管理は、元請責任ではないのでしょうか？ ……245

Q127 現場で労災事故が発生した場合、
下請が検挙（送検）される場合があるのでしょうか？……247

Q128 オペ付きリースと労働者派遣の関係は、どうなるのでしょうか？……249

Q129 車輌誘導や通行人の警備をする警備員は、
労働者派遣ではないのでしょうか？ ……250

第10章
外国人労働者

Q130 外国人労働者を雇い入れることはできないのでしょうか？ ……253
Q131 在留カードを持っていれば雇い入れてもよいのでしょうか？ ……254
Q132 外国人の技能実習生と研修生の違いは、
どのようなことでしょうか？ ……256
Q133 新たな在留資格を創設するとの政府の発表がありましたが、
建設業ではどうなのでしょうか？ ……260
Q134 不法就労助長罪とは、どのようなことなのでしょうか？ ……263
Q135 外国人労働者にも
労働条件通知書を渡す必要があるのでしょうか？ ……264
Q136 現場で外国語の注意書又は看板を用意しなければ
ならないのでしょうか？ ……265
Q137 なかなか日本語を覚えない労働者がいますが、
どのようにすべきなのでしょうか？ ……266
Q138 外国人労働者が現場で労災事故にあった場合、
労災保険はどのようになるのでしょうか？ ……267
Q139 外国人雇用状況の届出とは、どのようなものなのでしょうか？ ……268

第11章
労災事故と労働者死傷病報告

Q140 労働者死傷病報告は、どのような場合に
提出しなければならないのでしょうか？ ……273
Q141 「労災かくし」とは、どのようなことをいうのでしょうか？ ……274
Q142 「労災かくし」に対する処罰は、
どのようなものなのでしょうか？ ……276
Q143 「労災かくし」の場合、
怪我が治りにくいと聞きますが、なぜでしょうか？ ……277
Q144 通勤災害の場合には、労働者死傷病報告は
提出しなくてもよいのでしょうか？ ……278
Q145 現場の労災保険を使うと元請に迷惑がかかるので、
国民健康保険で治療してもよいのでしょうか？ ……279

Q146 社長の息子が現場で負傷した場合でも、労働者死傷病報告は提出しなければならないのでしょうか？……280
Q147 地震、津波、台風等により被災した場合、労災保険の取扱いはどうなるのでしょうか？……281
Q148 脳・心臓疾患や精神障害で労災保険給付がされた場合には、労働者死傷病報告の提出が必要なのでしょうか？……284
Q149 通勤途中の災害については、休業があったとしても労働者死傷病報告の提出は必要ないと考えてよいのでしょうか？……285
Q150 人災がない場合であっても、労働基準監督署に報告をしなければならない場合があるのでしょうか？……286

第12章
解雇、退職、健康管理手帳等

Q151 労働者を解雇する場合には、どのようなことに注意しなければならないのでしょうか？……291
Q152 労働者を解雇してはいけないのは、どのような場合なのでしょうか？……292
Q153 退職する場合には、ある程度前もって申し出るように定めることは可能なのでしょうか？……295
Q154 無断退職した労働者であっても、賃金を支払う必要があるのでしょうか？……296
Q155 解雇予告手当を支払わずに即時解雇することができるのは、どのような場合なのでしょうか？……297
Q156 労働者に落ち度がある場合でも、解雇予告手当の支払いが必要なのでしょうか？……298
Q157 病気で仕事を休んだ場合、ある程度の期間を待っても復職できない場合は退職とすることはできるのでしょうか？……301
Q158 退職した労働者が出身地に帰るというとき、旅費を支給しなければならないのでしょうか？……302
Q159 契約期間満了は、解雇ではないのでしょうか？……303
Q160 天災事変で事業が継続不可能となったとき、労働者を解雇する場合の手続はどうすればよいのでしょうか？……304
Q161 退職又は解雇した労働者から雇っていたことの証明を求められた場合には、文書を出さなければならないのでしょうか？……307

Q162 健康管理手帳とは、どのようなものなのでしょうか？……309
Q163 健康管理手帳が交付されると、発病した場合すぐに労災保険で治療を受けられるのでしょうか？……312

第13章 労働基準監督署への対応

Q164 労働基準監督署から「自主点検票」が届きましたが、どのようにすればよいのでしょうか？……317
Q165「自主点検票」の結果を提出しないと、どうなるのでしょうか？……319
Q166「〇月〇日午後〇時に来署してください」との文書が届きましたが、どのようにすればよいのでしょうか？……320
Q167 労働基準監督署の呼出に対し、社会保険労務士に依頼することができるのでしょうか？……321
Q168 会社や工事現場に直接労働基準監督署の立入調査が入ることがあるのでしょうか？……322
Q169 立入調査は、何がきっかけで当社が選定されるのでしょうか？……323
Q170 呼出調査や立入調査の結果、どのような処分を受けるのでしょうか？……324
Q171「司法処分」という言葉を聞きますが、どのようなことなのでしょうか？……325

コラム一覧

コラム１　社会保険・年金未加入問題に国土交通省が取り組んでいるわけ …… 20
コラム２　残業続きで通院できず、服薬が途切れて過労死 …… 31
コラム３　ヤミ売買の雇用保険印紙 …… 70
コラム４　建設業附属寄宿舎の火災と現場の労災保険 …… 71
コラム５　個人情報の漏洩防止 …… 79
コラム６　被災者の名は時雨弥三郎 …… 84
コラム７　労働基準監督署の立入調査があって違反の指摘がなかった場合、喜んでよいか？ …… 107
コラム８　現場所長の手をつかんだ話 …… 121
コラム９　資格証は自宅においてあるんだけど …… 132
コラム10　作業員が現場で倒れて亡くなるも、その現場は全工期無災害に …… 184
コラム11　「暑かったですねぇ」じゃない７月のある暑い日 …… 185
コラム12　立入調査をしたら、賃金台帳に証拠品ラベルが …… 195
コラム13　寄宿舎火災で７人死亡、社長を逮捕 …… 232
コラム14　労災保険からの費用徴収で社長が夜逃げ …… 248
コラム15　ヘルメットを前後反対にかぶっている作業員 …… 269
コラム16　大勢のお供を引き連れた話 …… 288

第1章 働き方改革と建設業

概 要

働き方改革関連法案の成立により労働基準法が改正され、主要部分は平成 31 年（2019 年）4月1日から施行されました。取り組まなければならないことは次の6点です。

1. 実際の労働時間をきちんと記録すること

2. 実際の労働時間に基づいて残業代（割増賃金）を支払うこと

3. 残業時間（時間外労働時間）と休日労働時間の合計を原則月 45 時間までとし、特別の事情がある場合であっても月 100 時間未満まで、かつ、過去 2 か月から 6 か月を平均して月間 80 時間以下とすること（建設業は、令和 6 年（2024 年）3 月 31 日まで猶予されています。）

4. 月 60 時間を超える残業に対しては 5 割増しの割増賃金を支払うこと（中小企業は令和 5 年（2023 年）3 月 31 日まで猶予されています。）

5. 長時間残業を行った労働者の健康管理を進めること

6. 年次有給休暇を、年間 5 日は会社が指定してとらせること

いずれも、これまでの建設業での取り組みが遅れていた事項です。しかし、年金と社会保険の全員加入と併せ、待ったなしで取り組まなければなりません。なぜなら、改正労働基準法により違反に対する罰則が強化され、労働基準監督署が店社や現場へ立入調査することが強化されてきたからです。

国土交通省も、建設業の人材確保を主眼に、厚生労働省と協力してこれらの課題に取り組んでいることを知っておく必要があります。

本章では、これらの事項を説明します。

Q1
働き方改革と建設業とは、どのような関係があるのでしょうか？

Answer.
建設業も
働き方改革の労働時間管理をすることになります。

労働時間管理と残業代（割増賃金）の支払い方法に影響が出てきます。

まず、平成31年（2019年）4月1日から施行された改正労働基準法により、1週40時間労働を基準として1か月60時間を超える時間外労働（残業）に対し、通常の時間当たり賃金の5割増しの割増賃金を支払わなければならないこととなりました（中小企業は令和5年（2023年）4月1日施行）。

当然、その前に他の業界と同じように原則として分単位での労働時間管理をしなければなりません。

また、現実に週休2日制を実現しなければなりません。さらには、有給休暇の消化率を100%に近づけなければなりません。

これらのことを実現するためには、発注者からの発注条件の見直し、元請から協力会社への発注条件の見直し、作業員の方々の意識改革も必要となります。もちろん、生産性の向上も必要です。「他の業界と同じように」という意味では、健康保険や年金への全員加入も重要です。労働災害防止対策も今まで以上に進める必要があります。

これらを実現するため、国土交通省は国が発注する工事についてそのようにしていくとともに、地方自治体が発注する公共工事についても、同様にするように地方自治体を指導しています。

コラム1

社会保険・年金未加入問題に国土交通省が取り組んでいるわけ

数年前から国土交通省は、建設業従事者の社会保険と年金未加入問題に取り組んでいます。本来の所管は厚生労働省ですが、なぜ、国土交通省が取り組んでいるのでしょうか。

それは、建設業従事者の減少と建設業の衰退に国土交通省が危機感を抱いているからです。

小泉内閣当時、竹中大臣との規制緩和政策において、建設業は「インターネット自由競争入札、請負金額は安ければよい」という風潮にさらされ、全国で廃業が相次いだことから、最盛期800万人を数えた建設業従事者が500万人を切るところまで減少しました。

その後の東日本大震災や毎年のように起こる自然災害に対し、地元の建設業者がきちんと経営が成り立たなければ、国民の安全安心はない、ということがわかり、国土交通省は率先して「収入も安全面も他産業に引けを取らない建設業」にしていくことで若年労働者をはじめとする多くの労働者に来てもらいたいと考えています。

そのため、国発注の工事から率先してそれらの費用を見込んだ請負代金の設定に取り組んでいます。

Q2
これまでの１人工、半人工という計算ではだめなのでしょうか？

Answer.
だめです。

そもそも人工計算というのは、工事の工程計画を組むに当たって必要な作業員数と工事に必要な日数を算出するためのものです。それによって工事代金も計算されます。また、請負代金もその実績で支払われます。

しかし、実際の作業は、そのときどきの協力会社各社の作業の進み具合や設計変更、あるいは機材の現場への搬入状況や天候などにより、施工計画どおりに進まないことがあります。

会社が労働者に賃金を支払う場合には、労働基準法によりそのときどきの実際の作業時間に応じて割増賃金を含む賃金を支払う必要があるものです。そのため、手待時間（待機）をいかに減らしていくかと、工事を予定どおりに進めるため元請の各業者との連絡調整と機材等の手配が重要となります。

Q3

請負代金には、残業の割増分などは含まれていないので、割増の残業代を時間どおりに支払うとなると、作業が遅い労働者の収入が多くなるのではないでしょうか？

Answer.

本来の企業経営は、そのようなことも想定した上で経費と賃金の計算をし、支払う必要があるものです。

たとえば、運送業では荷主からは運賃収入しか入ってきません。しかし、道路の渋滞や、配送先の都合等により運転手に待機時間が生じる場合があります。その場合といえども、割増賃金は待機時間を含めた実際の時間計算により支払う必要があるものです。

工場でも、発注元に納める製品の代金は受け取ることができますが、どのくらいの残業が必要であったかは、請負代金には反映されないのが一般的です。そうであっても、労働者には実際に働いた労働時間に応じて賃金を支払わなければなりません。

また、作業員の方々には、新人もいればベテランもいて、作業が早くて仕上がりもよい熟練労働者と、そうでない未熟練労働者がいます。これらをどう組み合わせて全体としての作業効率を実現するかが経営者と職長の手腕ということになります。もっとも、賃金は熟練度に応じて決められているはずで、全員同じ日当ということはないはずです。

作業員に余計な残業をさせないのは、職長の職務の一部といえましょう。

経営者はこれらのことを全体としてコントロールしていかなければなりません。

Q4

毎回経営者が工事の現場に行くわけには
いかない現状です。タイムカードなどがない業界ですが、
毎日の勤務時間の把握は、どのようにすればよいので
しょうか？

Answer.

**職長などの現場代理人が、自社の労働者について
何時何分から何時何分まで働いたかをノートや手帳に
記録する方法があります。
元請の承認を得ることも一般的です。**

また、最近ではスマートフォンのアプリに労働時間記録を行うものが多数開発されていますから、これを利用する方法もあります。アプリを起動して少しの操作で勤務時間が記録できますから、書くことが苦手な作業員の方でも労働時間を記録できます。会社では、パソコン等によりそのデータを元に残業代の計算も自動で行うことができます。

携帯電話会社との契約にもよりますが、スマホでも最新型でなければ法人契約で安く導入できるそうです。その際、どのようなアプリがあるかとそれぞれの長所短所を確認し、使いやすいものを導入するとよいでしょう。

Q5

残業や休日出勤を行わせるには何か手続があると聞きましたが、どのような手続でしょうか？

Answer.

「時間外労働及び休日労働に関する協定届」を所轄労働基準監督署長に提出しなければなりません（労働基準法第 36 条）。

これは、会社と労働者側との協定であり、一種の労使間の約束です。労働基準法第36条に基づくことから「36協定届」とも呼ばれています。すなわち、この協定届の範囲内で残業や休日出勤をさせるという労使協定です。これを超えて残業や休日出勤をさせると労働基準法違反となり、処罰の対象となります。

厚生労働省（労働基準監督署）では、この協定届の提出をせずに残業等を行わせている企業が全国で半数近くに上るとみて、そのような企業に対する行政指導を強めています。

この協定届の提出先は、一般的には工事現場の所在地を管轄する労働基準監督署ですが、工事現場に自社の事務所を設けていない場合には、直近上位の店社（本社、支店等）の所在地を管轄する労働基準監督署に提出します。

なお、平成31年（2019年）4月1日から様式が変わりましたので、注意が必要です。詳細は、第5章を参照してください。

Q6

残業や休日出勤に対する労働基準監督署の規制が厳しくなったのは、何か理由があるのでしょうか？

Answer.

あります。

「過重労働による健康障害」と呼んでいますが、長時間労働が続くと過労死等や過労自殺につながります。これらが増えると政府からの労災補償給付が増えると同時に、当該労働者が所属する企業等に対する損害賠償請求が増えますので、それらを防ごうというものです。

平成13年(2001年)12月に、過労死等に関する労災補償給付の認定基準が改正されました。その後、平成27年(2015年)12月には大手広告代理店で働く女性が過労自殺をし、労災認定されました。さらに平成29年(2017年)3月に、新国立競技場建設工事において入社1年目の現場監督である20代の青年が過労自殺をし、労災認定されました。

過労自殺事案としては、平成12年(2000年)3月の最高裁判所判決(電通事件)が最初であり、当時、会社は遺族に対して1億6,800万円の損害賠償を支払うこととなったものです。これでは、中小企業は倒産しかねません。

このようなことから、過重労働による健康障害防止のためにはまず長時間労働の撲滅、建設業界もその対象であると労働基準監督署が認識したことが、今日の規制強化につながっているものです。

Q7
過重労働による健康障害には、どのようなものがあるのでしょうか？

Answer.
過労死等と過労自殺をはじめとするメンタルヘルス不調（精神障害）があります。

過労死等とは、長時間労働を原因とする脳血管疾患と虚血性心疾患のことです。

過労死等と過労自殺等に関する労災認定基準は次のとおりです。

区分	病状	労災認定基準
過労死等	脳血管疾患 ・脳内出血（脳出血） ・くも膜下出血 ・脳梗塞 ・高血圧性脳症	週40時間労働を基準として、次のいずれかに該当すること。 1. 発症直近1か月間で100時間を超える時間外労働等があったこと 2. 1は認められないものの、発症直近6か月間を平均し、1か月当たり80時間を超える時間外労働等があったこと 3. 1も2も認められない場合には、発症までの過去6か月間の勤務の状況が発症に結びつくなど過重であると認められること
	虚血性心疾患 ・心筋梗塞 ・狭心症 ・心停止 （心臓性突然死を含む。） ・解離性大動脈瘤	
過労自殺等	精神障害	週40時間労働を基準として、発症直近1か月間で160時間を超える時間外労働等があったこと（実際には、そのほかの心理的負担の状況等も考慮されますので、残業時間が短くても認定されることがあります。）

Q8
過重労働による健康障害を防ぐためには、会社として何をしなければならないのでしょうか？

Answer.
長時間労働をなくすことと、労働者の健康管理を進めることです。

これらは、労働基準監督署が立入調査をしたときにその実施状況を確認する事項です。

長時間労働の削減

長時間労働をなくすため、改正労働基準法は、「時間外労働及び休日労働に関する協定」を締結するに当たり、１か月当たりの残業時間を原則45時間までとしています。

これを超える残業をさせると、建設業では令和６年（2024年）４月１日から罰則が適用されます。そのため、今のうちからこれに備え、原則として月45時間以内（休日出勤を含む。）とするようにしていき、特別の事情があってどうしても残業や休日出勤を月45時間を超えてしなければならない場合であっても、月100時間以内に収めなければなりません。また、２か月から６か月を平均して月80時間を上回らないようにしなければなりません。

これは、過労死等の労災認定基準の数字をもとにしています。ですから、残業時間や休日労働がこの数字を超えれば処罰の対象になるとともに、労災認定⇒損害賠償（死亡であればおそらく最低１億円）となります。ですから、超える可能性のある企業は、上積み労災への加入は必須といえましょう。

そして、前述したように残業も休日出勤もあらかじめ「時間外労働及び休日労働に関する協定届」を所轄労働基準監督署長に提出し、その協定の範囲内で実施しなければならないことに注意しなければなりません。
長時間労働の原因として人手不足があります。いくら募集しても労働者が集まらないということは、その原因を調べてその解消をしていかなければなりません。低賃金もその原因の一つですし、労災事故が多いということもその原因です。年次有給休暇を取りにくいということも、近年注目されています。

労働者の健康管理

○脳血管疾患と虚血性心疾患の予防

まず、脳血管疾患と虚血性心疾患の予防については、定期健康診断の結果等で発症予備軍をつかむことが可能です。高血圧、高血糖値、高コレステロール値と肥満が、脳・心臓疾患の重要なリスクファクター（発症要因）とされています。
ですから、健康診断の結果これらの項目に複数の所見が認められる方については、残業や休日出勤の制限をしなければなりません。そのような対応をするためには、労働者全員が健康診断を受診するようにしなければなりません。ただし、日雇いや短期間雇用の労働者には雇入れ時の健康診断が義務付けられていませんから、問診と血圧計・体重計等の活用が必要です。
また、工事現場では喫煙者が他産業より目立ちます。喫煙は動脈硬化をひき起こし、過労死等を発症しやすくなるので、受動喫煙防止対策にとどまらず喫煙者を減らす取組も必要です。

○精神障害の予防

次に、ストレスチェック等のメンタルヘルス不調への本人の気づきを促す取組です。労働者数が50人以上の事業場では、ストレスチェックは義務化されています（労働安全衛生法第66条の10）から、年に1回は実施しなければなりません。そして、その結果を労働基準監督署長に報告しなければなりません（労働安全衛生法第100条、労働安全衛生規則第52条の21）。

労働者数が50人未満の事業場では、実施が義務付けられていませんから、それに代わる対応をするよう努めなければなりません。ストレスチェックの用紙を配布して書かせるのも一つの方法です。作業員一人一人と面談し、心の健康状態を確認する方法もあるでしょう。なるべくなら、医師や保健師による面談が望ましいものです。

若手作業員へのきつい言い方が認められた場合などには、年長者等に対して言い方に気を配るよう注意を促す必要があります。年配者が若いときはそのように育てられたのでしょうが、今は時代が違います。

強い口調で言われた労働者が、それがメンタルヘルス不調となり損害賠償請求となった場合、雇っている会社はもちろんですが、パワハラ加害者が負担ゼロで済むことはありません。

◯医師による面接指導

直近の1か月に80時間を超える時間外労働をした労働者から申出があった場合、医師による面接指導を受けさせなければなりません（労働安全衛生法第66条の8、労働安全衛生規則第52条の3）。

そして、その結果に基づき必要な措置を講じなければなりません。これは、面接指導をした医師から意見を聞き、それに基づいて時間外労働を減らしたり、配置転換をするなどの対応をすることになります。

Q9

脳・心臓疾患の発症予備軍の労働者への注意事項としては、どのようなことがありますか？

Answer.

健康診断の結果を見て、治療が必要かどうかを見ます。治療が必要な方には、本人の同意を得た上で、「病院で治療を受けているかどうか」等を確認します。

健康診断での所見	確認すべき療養の内容
1.高血圧	1.降圧剤（血圧を下げる薬）の処方を受けているか。 2.今日、降圧剤を飲んできたか（毎日確認する）。 3.降圧剤の副作用は、今日の作業に支障ないか。
2.高血糖値	1.血糖値を下げる薬の処方を受けているか。 2.今日、その薬を飲んできたか（毎日確認する）。 3.その薬の副作用は、今日の作業に支障ないか。
3.高コレステロール値	1.高脂血症治療薬の処方を受けているか。 2.今日、その薬を飲んできたか（毎日確認する）。 3.その薬の副作用は、今日の作業に支障ないか。
4.肥満	1.保健師等による健康管理のアドバイスを受けているか。 2.1のアドバイス（主に食生活と運動量です。）にしたがった生活をしているか。

コラム2

残業続きで通院できず、服薬が途切れて過労死

ある工場では、30代半ばの男性技術者が残業続きでした。独身で両親と同居していたところ、ある朝布団の中で冷たくなっているのを両親に発見されました。

両親が労働基準監督署に相談し、過労死での労災請求をしたところ、これが認められ、会社は違法な長時間労働として労働基準法違反容疑で検察庁に送検されました。

亡くなった男性は、重い糖尿病でしたが、連日の長時間労働で通院が出来ず、服薬の処方箋を受けることが出来なくて薬を飲まない状況が続き、死に至ったとのことでした。安全配慮義務（本件の場合は通院の便宜を図ること）違反は明確ですし、「時間外労働及び休日労働に関する協定届」の範囲を超える時間外労働が認められたことから労働基準法違反が認定されたのでした。

近いうちに、「法令違反を原因とする労働災害発生」の理由で都道府県労働局長から会社あてに高額の費用徴収の請求書が届くはずです。

費用徴収とは、労災保険における一種の弁償です。労災保険給付額の40パーセントを上限として都道府県労働局長の裁量で事業主に請求されるものです。

送検されたことで遺族の態度が硬化し、示談は難航しそうです。

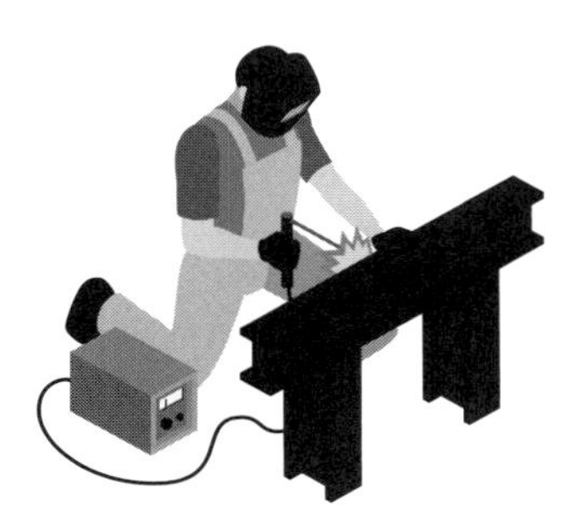

Q10

年次有給休暇を５日は会社が指定して休ませなければならないとのことですが、どのようにすればよいでしょうか？

Answer.

たとえば、３日と２日に分けて、それぞれ夏休みと年末年始の所定の休みにくっつけて指定する方法があります。

工事の期間にかからないようにするためには、元請と協力会社の連携が必要ですが、業界として比較的長い休みとなる両者に年次有給休暇を合わせて取らせる方法がやりやすいと思われます。

第2章
労働者の
募集時等

概 要

ほとんどの事業は、業種を問わず労働者を雇い入れて行う場合がほとんどです。建設業では、労働者を募集し、採用し、工事現場で働かせ、賃金を支払うことになります。

その際、募集時の労働条件（賃金額等）が、実際には違うとトラブルになります。労働基準監督署に持ち込まれる事案のかなりの件数が、賃金の支払いをめぐるものです。

また、日雇労働者や出稼労働者が多いなど建設業特有の問題もあり、業界としても長年の間雇用管理の近代化に取り組んでいるのが実情です。

本章では、労働者を募集する時と雇い入れる際の注意点を中心に述べていきます。

Q11
建設事業を開始するときの手続とは、どのようにすればよいのでしょうか？

Answer.

基本的に、国土交通大臣又は都道府県知事から建設業の許可を受けて行うこととなります。ただし、軽微な建設工事のみを請け負うことを営業する者は除かれます。

建設業の許可は、一般建設業又は特定建設業に区分して与えられます（建設業法第３条）。そして、発注者から直接請け負う１件の建設工事につき、その工事の全部又は一部を下請けさせる場合であって、その下請代金の額が政令で定める金額以上となる場合には、後者の許可を受けなければなりません。

許可の区分は次のとおりです（建設業法別表第一）。

土木一式工事	土木工事業
建築一式工事	建築工事業
大工工事	大工工事業
左官工事	左官工事業
とび・土工・コンクリート工事	とび・土工工事業
石工事	石工事業
屋根工事	屋根工事業
電気工事	電気工事業
管工事	管工事業
タイル・れんが・ブロック工事	タイル・れんが・ブロック工事業
鋼構造物工事	鋼構造物工事業
鉄筋工事	鉄筋工事業
舗装工事	舗装工事業
しゅんせつ工事	しゅんせつ工事業

板金工事	板金工事業
ガラス工事	ガラス工事業
塗装工事	塗装工事業
防水工事	防水工事業
内装仕上工事	内装仕上工事業
機械器具設置工事	機械器具設置工事業
熱絶縁工事	熱絶縁工事業
電気通信工事	電気通信工事業
造園工事	造園工事業
さく井工事	さく井工事業
建具工事	建具工事業
水道施設工事	水道施設工事業
消防施設工事	消防施設工事業
清掃施設工事	清掃施設工事業
解体工事	解体工事業

なお、許可の対象とならない軽微な建設工事とは、「工事一件の請負代金の額が建築一式工事にあっては 1,500 万円に満たない工事又は延べ面積が 150 平方メートルに満たない木造住宅工事、建築一式工事以外の建設工事にあっては 500 万円に満たない工事」（建設業法施行令第 1 条の 2）です。

Q12
いわゆる「丸投げ」とは、どのような問題がありますか？

Answer.
建設業法違反となります。

丸投げとは、元請（発注者である上位企業）から請け負った工事のそのまますべてを丸々協力会社に下請けさせることです。

建設業法第22条第1項では「建設業者は、その請け負った建設工事を、いかなる方法をもつてするかを問わず、一括して他人に請け負わせてはならない。」と定めています。これは、丸投げにより、自ら工事を行わないで利益だけを得る行為を禁止しているものです。

そして、第2項では、「建設業を営む者は、建設業者から当該建設業者の請け負った建設工事を一括して請け負つてはならない。」と定め、下請に対しても一括して下請けすることを禁止しています。

しかし、その例外として第3項は、「前2項の建設工事が多数の者が利用する施設又は工作物に関する重要な建設工事で政令で定めるもの以外の建設工事である場合において、当該建設工事の元請負人があらかじめ発注者の書面による承諾を得たときは、これらの規定は、適用しない。」と規定しています。

つまり、一般的な工事であれば、発注者の書面による同意があれば、一括して下請けさせることができるということです。

Q13
労働者を募集するときには、どのようなことに注意する必要がありますか？

Answer.

募集に当たっては、原則として年齢制限をすることができません。
また、賃金、労働時間、業務の内容等の労働条件をあらかじめ明示する必要があります。

高年齢者等の雇用の安定等に関する法律第20条第1項において「事業主は、労働者の募集及び採用をする場合において、やむを得ない理由により一定の年齢（65歳以下のものに限る。）を下回ることを条件とするときは、求職者に対し、厚生労働省令で定める方法により、当該理由を示さなければならない。」としており、原則として年齢制限をすることが禁止されています。

さらに同条第2項では、「厚生労働大臣は、前項に規定する理由の提示の有無又は当該理由の内容に関して必要があると認めるときは、事業主に対して、報告を求め、又は助言、指導若しくは勧告をすることができる。」としています。

次に、職業安定法第5条の3第1項では、「労働者の募集又は労働者供給に当たり、求職者、募集に応じて労働者になろうとする者又は供給される労働者に対し、その者が従事すべき業務の内容及び賃金、労働時間その他の労働条件を明示しなければならない。」と定めています。

これを受けて職業安定法施行規則第4条の2第3項では、次の事項を明示すべきとしており、同条第4項でその方法は原則として書面の交付、本人の同意があれば電子メール（携帯メール）やファクシミリ等でもよいとしています。

1．労働者が従事すべき業務の内容に関する事項

2．労働契約の期間に関する事項

2の2．試みの使用期間に関する事項

3．就業の場所に関する事項

4．始業及び終業の時刻、所定労働時間を超える労働の有無、休憩時間及び休日に関する事項

5．賃金（臨時に支払われる賃金、賞与及び労働基準法施行規則第8条各号に掲げる賃金を除く。）の額に関する事項

6．健康保険法による健康保険、厚生年金保険法による厚生年金、労働者災害補償保険法による労働者災害補償保険及び雇用保険法による雇用保険の適用に関する事項

7．労働者を雇用しようとする者の氏名又は名称に関する事項

8．労働者を派遣労働者として雇用しようとする旨

Q14

求人票や募集広告の内容と実際の労働条件が違うことがあってもよいのでしょうか？

Answer.

好ましいことではありません。採用の時点で個々の労働条件を文書で渡す必要があります。

求人票や求人情報誌に掲載された募集案内は、一種の広告であり、労働条件、特に賃金額は最も高い場合から低いものまで幅を持たせているのが普通です。

それは、労働者一人一人が持っている資格や経験、熟練度が違うからです。単なる雑工であれば、あまり技能を必要としないので一律いくらということもあり得ますが、そうでなければ、その人の技量を見極めて賃金額を決めることとなりましょう。ただし、誤解を招く表現は避けなければなりません。例えば、「月○○万円保証」と書いた場合、これだけでは残業無しでこの金額なのか、残業を50時間しないとこの金額にはならないかが不明です。労働基準監督署にトラブルとして持ち込まれるのは、このような事例です。

その際注意しなければならないのは、ある金額で採用しておいて、後日技量が劣るからと金額を下げるやり方はだめだということです。最初は技量を見極めるためいくらで働いてもらうが、もしそれなりの技量を持っていることがわかったら遡って金額を上げるというほうが問題が起きません。その上げた金額が、会社として当初予定していた金額であってもよいわけです。

Q15
出稼労働者を採用するときには、
どのようなことに注意する必要がありますか？

Answer.

就労条件をめぐるトラブルや賃金不払い、労働災害等、雇用関係や労働条件に関する問題が発生しており、また、最近では出稼労働者の高齢化に伴う問題もあり、出稼先でも労働条件と健康の確保、住環境の整備などが大きな課題となっています。

注意点としては次のことがあり、極力ハローワーク（公共職業安定所）を通して募集することが望まれます。

1．採用
就労条件の理解の相違によるトラブル防止のため、ハローワークを通して募集するよう努める。

2．労働条件の明示
採用の際は、出稼労働者手帳の「労働条件通知書」などを活用し、業務内容・就業時間・休憩・休日・休暇・賃金などの労働条件を書面により明示する。

3．労働時間
１週 40 時間の法定労働時間を守り、恒常的な時間外労働をなくし、労働時間の短縮に努める。また、１週１日又は４週４日の法定休日を確保し、所定休日の増加（４週８日）に努めるとともに週休２日制の実施に取組む。

4．有給休暇
質の高い労働力を確保するため、就労月数が４か月以上６か月未満の者には５日程度、就労月数が３か月以上４か月未満の者には３日程度の有給休暇を与えるように努める。

なお、６か月以上の者には、出勤率が８割以上の場合、10 労働日の年次有給休暇を与えなければなりません（労働基準法第 39 条）。

５．賃金

賃金の支払いは、出稼労働者が帰郷する前に清算し、清算ができない場合には、トラブル防止のため出稼労働者手帳の「賃金未払確認書」などを利用して未払いの賃金を明確にしておく。

６．労働災害防止

労働災害防止のため安全衛生教育をし、出稼労働者の経験に応じた適正配置、安全な機械設備の使用など災害防止に努める。
万一労働災害が発生した場合には、直ちに所轄の労働基準監督署に相談する。

７．健康管理

就労前に送出地で健康診断を受診しているかどうか確認し、受診していない者には、求人者（会社）の経費負担で健康診断を実施する。雇入れ後も産業医や衛生管理者などを活用して、健康管理に努める。（Q82参照）

８．寄宿舎

遠く居住地を離れて就労する出稼労働者の生活の場となるので、事業附属寄宿舎規程、建設業附属寄宿舎規程に定める基準を遵守する。（Q104 参照）
冷暖房設備の確保など出稼労働者が十分に安息できる住環境の整備に努める。
特に建設業は上記規程に加え、厚生労働省が示している「望ましい建設業附属寄宿舎に関するガイドライン」の内容を充足するように努める。（Q105 参照）

９．退職金

出稼労働者の老後生活の安定を図るため、建設業退職金共済制度などを利用するよう努める。

10．社会保険と年金

社会保険とは、雇用保険、健康保険と厚生年金であり、それらの加入の有無を出稼労働者手帳に記載する。

Q16

外国人労働者の採用について、注意すべき点はどのようなことでしょうか？

Answer.

労働者の国籍、信条又は社会的身分を理由として、賃金、労働時間その他の労働条件について、差別的取扱をしてはならない（労働基準法第３条）のですが、当該外国人の在留資格を確認し、就労が可能かどうかを確認する必要があります。

在留資格は在留カードに記載されています。在留カードを持っていない場合は不法滞在に当たるので、採用することはできません。

また、在留資格が例えば「興業」（いわゆる芸能ビザ）や「技能」（外国料理の調理師等）の場合には、建設工事現場での就労は資格外活動になりますから、採用することはできません。

在留資格	在留期間	該当例
永住者	無期限	法務大臣から永住の許可を受けた者（入管特例法の「特別永住者」を除く）
日本人の配偶者等	５年、３年、１年、６月	日本人の配偶者・子・特別養子
永住者の配偶者等	同上	永住者・特別永住者の配偶者又は永住者等の子として我が国で出生し引き続き在留している子
定住者	５年、３年、１年、６月又は法務大臣が個々に指定する期間（５年を超えない範囲）	第三国定住難民、日系３世、中国残留邦人等

これに対し、就労に制限がないものとしては、次のものがあります。

また、在留資格として「特定活動」の場合には、指定される活動により就労の可否が決まりますので、その指定内容を確認する必要があります。

在留資格	在留期間	該当例
特定活動	5年、3年、1年又は6月、 法務大臣が個々に指定する期間 （5年を超えない範囲）	外交官等の家事使用人、 ワーキング・ホリデー等

留学生等の場合には、原則として就労が認められない在留資格である文化活動、短期滞在、留学、就学、研修、家族滞在のいずれかであると考えられます。

留学生・就学生および家族滞在の方がアルバイトをする場合には、あらかじめ地方入国管理局で「資格外活動の許可」を受ける必要があります。許可を受けている場合は、アルバイトとして雇うことができます。

資格外活動許可を受けている場合には、パスポートの許可証印又は「資格外活動許可書」が交付されていますので、それを確認しなければなりません。

留学生については、一般的に、アルバイト先が風俗営業又は風俗関係営業が含まれている営業所に係る場所でないことを条件として、1週28時間以内を限度として勤務先や時間帯を特定することなく、包括的な資格外活動許可が与えられます。ただし、当該教育機関の長期休業期間にあっては、1日8時間以内となります。なお、資格外活動の許可を受けずにアルバイトに従事した場合は、不法就労となります。当然、雇った側は不法就労助長罪に問われる可能性が高いものです。

外国人研修生と、外国人を労働者として採用した後の注意事項と平成31年（2019年）4月1日施行の特定技能については、「第10章外国人労働者」を参照してください。

Q17

雇用契約期間を長くする場合、どの程度が限度でしょうか？

Answer.

基本的に３年が限度です。

しかし、専門的な知識、技術又は経験を有する者と、満60歳以上の者については、５年まで認められます。また、建設業では、「工事完了まで」という契約も、施工計画等において妥当な工事期間が明示されており、あるいは客観的に予想できるものであれば、そのような契約も認められます。

労働基準法第14条では、「労働契約は、期間の定めのないものを除き、一定の事業の完了に必要な期間を定めるもののほかは、３年（次の各号のいずれかに該当する労働契約にあつては、５年）を超える期間について締結してはならない。」と定めており、５年まで認められるのは次のものです。

1．専門的な知識、技術又は経験（以下この号において「専門的知識等」という。）であって高度のものとして厚生労働大臣が定める基準に該当する専門的知識等を有する労働者（当該高度の専門的知識等を必要とする業務に就く者に限る。）との間に締結される労働契約

2．満60歳以上の労働者との間に締結される労働契約（1の労働契約を除く。）

ところで、建設工事の場合は、おおよそ工期が予測されるものが多いので、そのような場合には、工事完了までという契約も認められます。

ただし、ダムや港湾建設工事などのように、分割発注等で20年にも及ぶような場合には、工期が予測されるものとはいえないでしょう。

Q18

雇用契約期間の途中で退職したら、罰金を取るというのは認められますか？

Answer.

認められません。

労働基準法第16条では「使用者は、労働契約の不履行について違約金を定め、又は損害賠償額を予定する契約をしてはならない。」として、賠償予定の禁止を定めています。

これは、あらかじめ、途中で退職した場合には「労働契約の不履行」として大金を賠償させることとして、労働者の足止め策にすることを禁じているものです。

労働基準法が禁止しているのは、賠償額を予定することです。実際に労働者が途中で退職したことにより現実に発生した損害についての賠償まで禁止しているわけではありません。

現実に発生した損害が、当該労働者の退職を原因とするものであるかどうかを判定するのは、最終的には裁判所（民事訴訟）になりますが、労働基準監督署に雇用トラブルとして持ち込まれた場合にはある程度までの判断はされるようです。また、都道府県労働局における「個別労働紛争解決援助制度」でも対応可能です。

Q19

「労働条件通知書」とは、どのような書類ですか？

Answer.

労働基準法第15条に定める労働条件を文書で渡す際のモデル様式で、以前は「雇入通知書」といっていました。

具体的には以下のとおりです。

（建設労働者用；日雇型）

労働条件通知書

山下 和宏 殿　　2000年 00月 00日

事業主の氏名又は名称　大角建設株式会社
事業場名称・所在地　東京都大田区西六郷1-2-34
〔建設業許可番号　000000〕
使用者職氏名　代表取締役　大角力三郎　印
雇用管理責任者職氏名　労務課長　橋本道雄

あなたを次の条件で雇い入れます。

就労日	2000年　00月　00日
就業の場所	東京都世田谷区の当社工事現場
従事すべき業務の内容	土木作業
始業、終業の時刻、休憩時間、所定時間外労働の有無に関する事項	1　始業（　8時　00分）　終業（　17時　00分） 2　休憩時間（60）分 3　所定時間外労働の有無（(有)、無）
賃金	1　基本賃金　イ　時間給（　　円）、ロ　日給（18,000円） ハ　出来高給（基本単価　　円、保障給　　円） ニ　その他（　　円） 2　諸手当の額又は計算方法 イ（通勤手当　2,000円　／計算方法：　　） ロ（　手当　　円　／計算方法：　　） 3　所定時間外、休日又は深夜労働に対して支払われる割増賃金率 イ　所定時間外、法定超（25）%、所定超（0）%、 ロ　深夜（25）% 4　賃金支払日（毎日）－(就業当日)・その他（　　）） （　　）－（就業当日・その他（　　）） 5　賃金の支払方法（　現金　） 6　労使協定に基づく賃金支払時の控除（(無)，有（　　））
その他	・社会保険の加入状況（　厚生年金　健康保険　厚生年金基金　その他（　　）） ・雇用保険の適用（(有)，無） ・中小企業退職金共済制度（建設退職共済制度を含む。） （加入している，(加入していない)） ・寝具貸与　有（有料（　　円）・無料）・(無) ・食費（1日　×円） ・その他（　　）

※　以上のほかは、当社就業規則による。
※　ここに明示された労働条件が、入職後事実と相違することが判明した場合に、あなたが本契約を解除し、１４日以内に帰郷するときは、必要な旅費を支給する。
※　本通知書の交付は、労働基準法第１５条に基づく労働条件の明示及び建設労働者の雇用の改善等に関する法律第７条に基づく雇用に関する文書の交付を兼ねるものである。
※　労働条件通知書については、労使間の紛争の未然防止のため、保存しておくことをお勧めします。

【記載要領】

１．労働条件通知書は、当該労働者の労働条件の決定について権限をもつ者が作成し、本人に交付すること。

２．各欄において複数項目の一つを選択する場合には、該当項目に○をつけること。

３．破線内及び二重線内の事項以外の事項は、書面の交付により明示することが労働基準法により義務付けられている事項であること。また、労働者に負担させるべきものに関する事項、安全及び衛生に関する事項、災害補償及び業務外の傷病扶助に関する事項、表彰及び制裁に関する事項については、当該事項を制度として設けている場合には口頭又は書面により明示する義務があること。

　また、日雇の労働契約についても、労働契約の更新をする場合があるものは、「期間の定めのある労働契約を更新する場合の基準」を書面により明示することが労働基準法により義務付けられていること。

４．「就業の場所」及び「従事すべき業務の内容」の欄については、具体的かつ詳細に記載すること。

５．「賃金」の欄については、基本給等について具体的な額を明記すること。

・　法定超えとなる所定時間外労働については２割５分、深夜労働については２割５分、法定超えとなる所定時間外労働が深夜労働となる場合については５割を超える割増率とすること。

・　破線内の事項は、制度として設けている場合に記入することが望ましいこと。

６．「その他」の欄については、当該労働者についての社会保険、中小企業退職金共済制度等の加入状況及び雇用保険の適用の有無のほか、労働者に負担させるべきものに関する事項、安全及び衛生に関する事項、職業訓練に関する事項、災害補償及び業務外の傷病扶助に関する事項、表彰及び制裁に関する事項、休職に関する事項等を制度として設けている場合に記入することが望ましいこと。

　また、労働契約を更新する場合があるものについては、「期間の定めのある労働契約を更新する場合の基準」を記入すること。

（参考）　労働契約法第１８条第１項の規定により、期間の定めがある労働契約の契約期間が通算５年を超えるときは、労働者が申込みをすることにより、期間の定めのない労働契約に転換されるものであること。この申込みの権利は契約期間の満了日まで行使できること。

７．各事項について、就業規則を示し当該労働者に適用する部分を明確にした上で就業規則を交付する方法によることとした場合、具体的に記入することを要しないこと。

＊　この通知書はモデル様式であり、労働条件の定め方によっては、この様式どおりとする必要はないこと。

（建設労働者用；常用、有期雇用型）

労働条件通知書

向井良和　殿 あなたを次の条件で雇い入れます。	2000年　00月　00日 事業主の氏名又は名称　大角建設株式会社 事業場名称・所在地　東京都大田区西六郷1-2-34 〔建設業許可番号　000000　〕 使用者職氏名　代表取締役　大角力三郎　印 雇用管理責任者職氏名　労務課長　橋本道雄
契約期間	期間の定めなし、(期間の定めあり)（2000年　00月　00日～2000年　00月　00日） ※以下は、「契約期間」について「期間の定めあり」とした場合に記入 1　契約の更新の有無 [自動的に更新する・(更新する場合があり得る)・契約の更新はしない・その他（　　）] 2　契約の更新は次により判断する。 (・契約期間満了時の業務量)　(・勤務成績、態度)　・能力 ・会社の経営状況　・従事している業務の進捗状況 ・その他（　　） 【有期雇用特別措置法による特例の対象者の場合】 無期転換申込権が発生しない期間：　I（高度専門）・II（定年後の高齢者） I　特定有期業務の開始から完了までの期間（　5年　0か月（上限10年）） II　定年後引き続いて雇用されている期間
就業の場所	首都圏における当社施行現場
従事すべき業務の内容	鉄筋工 【有期雇用特別措置法による特例の対象者（高度専門）の場合】 ・特定有期業務（　　開始日：　　完了日：　　）
始業、終業の時刻、休憩時間、就業時転換((1)～(3)のうち該当するもの一つに○を付けること。)、所定時間外労働の有無に関する事項	1　始業・終業の時刻等 (1) 始業（　08時　00分）　終業（　17時　00分） 【以下のような制度が労働者に適用される場合】 (2) 変形労働時間制等；（1か月）単位の変形労働時間制・交替制として、次の勤務時間の組み合わせによる。 始業（8時00分）　終業（17時00分）　（適用日　勤務割表による） 始業（16時00分）　終業（25時00分）　（適用日　勤務割表による） 始業（0時00分）　終業（9時00分）　（適用日　勤務割表による） (3) フレックスタイム制；始業及び終業の時刻は労働者の決定に委ねる。 （ただし、フレキシブルタイム（始業）　時　分から　時　分、 （終業）　時　分から　時　分、 コアタイム　時　分から　時　分） ○詳細は、就業規則第8条～第12条、第　条～第　条、第　条～第　条 2　休憩時間（60）分 3　所定時間外労働の有無（(有)、　無）
休　日	・定例日；毎週土、日曜日、国民の祝日、その他（夏休み、年末年始） ・非定例日；週・月当たり　〆日、その他（　　） ・1年単位の変形労働時間制の場合－年間　　日 ○詳細は、就業規則第13条～第15条、第　条～第　条
休　暇	1　年次有給休暇　6か月継続勤務した場合→　10日 継続勤務6か月以内の年次有給休暇　（有・(無)） →　か月経過で　日 時間単位年休（(有)・無） 2　代替休暇（(有)・無） 3　その他の休暇　有給（　　） 無給（忌引、病気　） ○詳細は、就業規則第27条～第29条、第　条～第　条

（次頁に続く）

賃　　金	1　基本賃金　イ　月給（　　　　円）、ロ　日給（　20,000円） ハ　時間給（　　　　円）、 ニ　出来高給（基本単価　　　円、保障給　　　円） ホ　その他（　　　　円） ヘ　就業規則に規定されている賃金等級等 2　諸手当の額又は計算方法 イ（通勤手当　　　円　／計算方法：交通費実費　　　　） ロ（夜勤手当　1,000円　／計算方法：1回当たり　　　　） ハ（皆勤手当　5,000円　／計算方法：　　　　） ニ（　手当　　　円　／計算方法：　　　　） 3　所定時間外、休日又は深夜労働に対して支払われる割増賃金率 イ　所定時間外、法定超　月６０時間以内（　25　）％ 月６０時間超　（　28　）％ 所定超　（　0　）％ ロ　休日　法定休日（　35　）％、法定外休日（　25　）％ ハ　深夜（　25　）％ 4　賃金締切日（　全て　）－毎月末日、（　　　）－毎月　日 5　賃金支払日（　全て　）－毎月　日、（　　　）－毎月　日 6　賃金の支払方法（　口座振込　　　　　） 7　労使協定に基づく賃金支払時の控除（無　,（有）（　親睦　）会費 8　昇給（時期等　不定期　　　　） 9　賞与（（有）（時期、金額等　7月、12月　），　無　） 10　退職金（（有）（時期、金額等　建退協による　），　無　）
退職に関する事項	1　定年制　（（有）（65歳），　無　） 2　継続雇用制度（（有）（70歳まで），　無　） 3　自己都合退職の手続（退職する　30日以上前に届け出ること） 4　解雇の事由及び手続　当社就業規則による ○詳細は、就業規則第39条～第42条、第45条～第46条
そ　の　他	・社会保険の加入状況（（厚生年金）（健康保険）厚生年金基金　その他（　　　　）） ・雇用保険の適用（（有），　無　） ・　中小企業退職金共済制度（建設退職共済制度を含む。） （（加入している），　加入していない） ・寝具貸与　有（有料（　　　　円）・無料）・（無） ・食費（１日300円） ・その他（　　　　　　　　　　） ※以下は、「契約期間」について「期間の定めあり」とした場合についての説明です。 労働契約法第18条の規定により、有期労働契約（平成25年4月1日以降に開始するもの）の契約期間が通算５年を超える場合には、労働契約の期間の末日までに労働者から申込みをすることにより、当該労働契約の期間の末日の翌日から期間の定めのない労働契約に転換されます。ただし、有期雇用特別措置法による特例の対象となる場合は、この「５年」という期間は、本通知書の「契約期間」欄に明示したとおりとなります。

※　以上のほかは、当社就業規則による。
※　ここに明示された労働条件が、入職後事実と相違することが判明した場合に、あなたが本契約を解除し、１４日以内に帰郷するときは、必要な旅費を支給する。
※　本通知書の交付は、労働基準法第１５条に基づく労働条件の明示及び建設労働者の雇用の改善等に関する法律第７条に基づく雇用に関する文書の交付を兼ねるものである。
※　労働条件通知書については、労使間の紛争の未然防止のため、保存しておくことをお勧めします。

【記載要領】

1．労働条件通知書は、当該労働者の労働条件の決定について権限をもつ者が作成し、本人に交付すること。

2． 各欄において複数項目の一つを選択する場合には、該当項目に○をつけること。

3．破線内及び二重線内の事項以外の事項は、書面の交付により明示することが労働基準法により義務付けられている事項であること。また、退職金に関する事項、臨時に支払われる賃金等に関する事項、労働者に負担させるべきものに関する事項、安全及び衛生に関する事項、職業訓練に関する事項、災害補償及び業務外の傷病扶助に関する事項、表彰及び制裁に関する事項、休職に関する事項については、当該事項を制度として設けている場合には口頭又は書面により明示する義務があること。

4．労働契約期間については、労働基準法に定める範囲内とすること。

また、「契約期間」について「期間の定めあり」とした場合には、契約の更新の有無及び更新する場合又はしない場合の判断の基準（複数可）を明示すること。

（参考） 労働契約法第１８条第１項の規定により、期間の定めがある労働契約の契約期間が通算５年を超えるときは、労働者が申込みをすることにより、期間の定めのない労働契約に転換されるものであること。この申込みの権利は契約期間の満了日まで行使できること。

5．「就業の場所」及び「従事すべき業務の内容」の欄については、雇入れ直後のものを記載することで足りるが、将来の就業場所や従事させる業務を併せ網羅的に明示することは差し支えないこと。

また、有期雇用特別措置法による特例の対象者（高度専門）の場合は、同法に基づき認定を受けた第一種計画に記載している特定有期業務（専門的知識等を必要とし、５年を超える一定の期間内に完了することが予定されている業務）の内容並びに開始日及び完了日も併せて記載すること。なお、特定有期業務の開始日及び完了日は、「契約期間」の欄に記載する有期労働契約の開始日及び終了日とは必ずしも一致しないものであること。

6．「始業、終業の時刻、休憩時間、就業時転換、所定時間外労働の有無に関する事項」の欄については、当該労働者に適用される具体的な条件を明示すること。また、変形労働時間制、フレックスタイム制等の適用がある場合には、次に留意して記載すること。

・変形労働時間制：適用する変形労働時間制の種類（１年単位、１か月単位等）を記載すること。その際、交替制でない場合、「・交替制」を＝で抹消しておくこと。

・フレックスタイム制：コアタイム又はフレキシブルタイムがある場合はその時間帯の開始及び終了の時刻を記載すること。コアタイム及びフレキシブルタイムがない場合、かっこ書きを＝で抹消しておくこと。

・交替制：シフト毎の始業・終業の時刻を記載すること。また、変形労働時間制でない場合、「（　　）単位の変形労働時間制・」を＝で抹消しておくこと。

7．「休日」の欄については、所定休日について曜日又は日を特定して記載すること。

8．「休暇」の欄については、年次有給休暇は６か月間勤続勤務し、その間の出勤率が８割以上であるときに与えるものであり、その付与日数を記載すること。

時間単位年休は、労使協定を締結し、時間単位の年次有給休暇を付与するものであり、その制度の有無を記載すること。代替休暇は、労使協定を締結し、法定超えとなる所定時間外労働が１箇月６０時間を超える場合に、法定割増賃金率の引上げ分の割増賃金の支払に代えて有給の休暇を与えるものであり、その制度の有無を記載すること。（中小事業主を除く。）

　また、その他の休暇については、制度がある場合に有給、無給別に休暇の種類、日数（期間等）を記載すること。

9．前記６、７及び８については、明示すべき事項の内容が膨大なものとなる場合においては、所定時間外労働の有無以外の事項については、勤務の種類ごとの始業及び終業の時刻、休日等に関する考え方を示した上、当該労働者に適用される就業規則上の関係条項名を網羅的に示すことで足りるものであること。

10．「賃金」の欄については、基本給等について具体的な額を明記すること。ただし、就業規則に規定されている賃金等級等により賃金額を確定し得る場合、当該等級等を明確に示すことで足りるものであること。

・　法定超えとなる所定時間外労働については２割５分、法定超えとなる所定時間外労働が１箇月６０時間を超える場合については５割（中小事業主を除く。）＊＊、法定休日労働については３割５分、深夜労働については２割５分、法定超えとなる所定時間外労働が深夜労働となる場合については５割、法定超えとなる所定時間外労働が１箇月６０時間を超え、かつ、深夜労働となる場合については７割５分（中小事業主を除く。）、法定休日労働が深夜労働となる場合については６割を超える割増率とすること。

・　破線内の事項は、制度として設けている場合に記入することが望ましいこと。

11．「退職に関する事項」の欄については、退職の事由及び手続、解雇の事由等を具体的に記載すること。この場合、明示すべき事項の内容が膨大なものとなる場合においては、当該労働者に適用される就業規則上の関係条項名を網羅的に示すことで足りるものであること。

（参考）　なお、定年制を設ける場合は、６０歳を下回ってはならないこと。
　　　　また、６５歳未満の定年の定めをしている場合は，高年齢者の６５歳までの安定した雇用を確保するため，次の①から③のいずれかの措置（高年齢者雇用確保措置）を講じる必要があること。
　　　　①定年の引上げ　　②継続雇用制度の導入　　③定年の定めの廃止

12．「その他」の欄については、当該労働者についての社会保険、中小企業退職金共済制度等の加入状況及び雇用保険の適用の有無のほか、労働者に負担させるべきものに関する事項、安全及び衛生に関する事項、職業訓練に関する事項、災害補償及び業務外の傷病扶助に関する事項、表彰及び制裁に関する事項、休職に関する事項等を制度として設けている場合に記入することが望ましいこと。

13．各事項について、就業規則を示し当該労働者に適用する部分を明確にした上で就業規則を交付する方法によることとした場合、具体的に記入することを要しないこと。

＊　この通知書はモデル様式であり、労働条件の定め方によっては、この様式どおりとする必要はないこと。

＊＊【著者注書き】
（中小事業主は令和５年（2023年）３月31日まで猶予。）

Q20
採用するときの賃金は、最低限度が定められているのですか？

Answer.

最低賃金法により、都道府県ごとに地域最低賃金が定められています（最低賃金法第４条）。

これを下回る賃金を支払った場合には、50万円以下の罰金に処せられることとされています（最低賃金法第40条）。

最低賃金には、産業別最低賃金と地域最低賃金があります。前者は、当該都道府県ごとに異なる産業について定められています。後者は、業種に関わりなく適用されるものです。

建設業の産業別最低賃金は定められておらず、地域別最低賃金が適用されます。これは、満18歳未満の労働者であっても都道府県労働局長の許可を受けない限り、下回ることはできません。

ちなみに、令和元年（2019年）10月1日現在では、東京都が時給1,013円、神奈川県が1,011円です。

この時間給の算定に当たっては、次のものは算入しません。つまり除外して計算します（最低賃金法第4条第3項、同法施行規則第1条）。

１．１月をこえない期間ごとに支払われる賃金以外の賃金で厚生労働省令で定める次のもの
臨時に支払われる賃金及び１月を超える期間ごとに支払われる賃金

２．通常の労働時間又は労働日の賃金以外の賃金で厚生労働省令で定める次のもの

①所定労働時間をこえる時間の労働に対して支払われる賃金（時間外労働の割増賃金）

②所定労働日以外の日の労働に対して支払われる賃金（休日労働の割増賃金）

③午後10時から午前5時まで（労働基準法第37条第4項の規定により厚生労働大臣が定める地域又は期間については、午後11時から午前6時まで）の間の労働に対して支払われる賃金のうち通常の労働時間の賃金の計算額を超える部分（深夜労働の割増賃金）

3. 当該最低賃金において算入しないことを定める賃金

※これは都道府県労働局長がその都度定めますが、定めないこともあります。

Q21
最低賃金に満たない額で雇うことができますか？

Answer.
都道府県労働局長の許可を受ければ可能です。

最低賃金は、すべての労働者に適用されます。しかしながら、一定の場合には、それがそぐわないことがあります。例えば、職業訓練のように技能習得中の労働者を雇い入れる場合などです。このため、最低賃金法では、次のいずれかに当たる労働者について、都道府県労働局長の許可を受けた場合には、その許可を受けた金額で支払うことができることとしています（最低賃金法第７条）。

1．精神又は身体の障害により著しく労働能力の低い者

2．試みの使用期間中の者

3．職業能力開発促進法第 24 条第 1 項の認定を受けて行われる職業訓練のうち職業に必要な基礎的な技能及びこれに関する知識を習得させることを内容とするものを受ける者であって厚生労働省令で定めるもの

これは、職業能力開発促進法施行規則第９条に定める普通課程もしくは短期課程（職業に必要な基礎的な技能及びこれに関する知識を習得させるためのものに限る。）の普通職業訓練又は同条に定める専門課程の高度職業訓練を受ける者であって、職業を転換するために当該職業訓練を受けるもの以外のものです（最低賃金法施行規則第３条１項）。

4．軽易な業務に従事する者その他の厚生労働省令で定める者

これは、軽易な業務に従事する者及び断続的労働に従事する者です。ただし、軽易な業務に従事する者についての許可は、当該労働者の従事する業務が当該最低賃金の適用を受ける他の労働者の従事する業務と比較して特に軽易な場合に限り、行うことができます（同条第２項）。

この許可申請は、許可申請書を当該事業場の所在地を管轄する労働基準監督署長を経由して都道府県労働局長に提出して行います。

この許可申請書は、１の労働者については様式第１号、２の労働者については様式第２号、３の労働者については様式第３号、４の軽易な業務に従事する者については様式第４号、断続的労働に従事する者については様式第５号を用います。

様式第１号（第４条関係）

<table>
<tr><th colspan="7">精神又は身体の障害により著しく労働能力の低い者の最低賃金の減額の特例許可申請書</th></tr>
<tr><td colspan="2">事業の種類</td><td colspan="2">事業場の名称</td><td colspan="3">事業場の所在地</td></tr>
<tr><td colspan="2">土木工事業</td><td colspan="2">大角建設株式会社</td><td colspan="3">東京都大田区西六郷 1-2-34
03-0000-0000</td></tr>
<tr><td rowspan="2">減額の特例許可を受けようとする労働者</td><td>氏名</td><td>性別</td><td>生年月日</td><td rowspan="3">減額の特例許可を受けようとする最低賃金</td><td rowspan="2">件　名</td><td rowspan="2">東京都最低賃金</td></tr>
<tr><td>松村誠一</td><td>21</td><td>平成 00 年 00 月 00 日</td></tr>
<tr><td>精神又は身体の障害の態様</td><td colspan="3">知的障害（別添障害者手帳（写し）参照）</td><td>最低賃金額</td><td>000 円</td></tr>
<tr><td>従事させようとする業務の種類</td><td colspan="3">土木作業員</td><td rowspan="3">支払おうとする賃金</td><td>金　額</td><td>000 円以上</td></tr>
<tr><td>労働の態様</td><td colspan="3">土木工事現場における器材運搬と片づけ、清掃作業</td><td>減額率</td><td>35 %</td></tr>
<tr><td>減額の特例許可を必要とする理由等</td><td colspan="3">知的障害により、当社の一般労働者に比べて著しく労働能力が低いため</td><td>理　由</td><td>健常者で最も能率の低い労働者の 65% の能力のため</td></tr>
<tr><td colspan="7">2000 年　00 月　00 日
使用者　職　代表取締役
東京 都道府県労働局長　殿　　　　氏　名　大角力三郎　　印</td></tr>
</table>

注意
1　「精神又は身体の障害の態様」欄には、精神又は身体の障害の程度を記入すること。
2　「従事させようとする業務の種類」欄には、減額の特例許可があつた場合に、当該労働者に従事させようとする業務の種類を具体的に記入すること。
3　「労働の態様」欄には、始業終業の時刻、作業の内容、作業量等を詳細に記入すること。
4　「減額の特例許可を必要とする理由等」欄には、減額の特例許可を必要とする理由その他参考となる事項を記入すること。
5　「減額の特例許可を受けようとする最低賃金」欄には、許可を受けようとするすべての最低賃金の件名及び金額を記入すること（地域別最低賃金及び特定最低賃金の双方であれば、それぞれの件名及び金額を連記すること。）。
6　「支払おうとする賃金」欄の「金額」欄には、法第４条第３項各号に規定する賃金を除外した最低賃金の対象となる賃金を記入すること。また、「理由」欄には、使用者において当該減額率を定めた理由の概要を記入すること。
7　氏名を記載し、押印することに代えて、署名することができる。

Q22

「軽易な業務に従事する者」と、「断続的労働に従事する者」とはどのような仕事をしている場合でしょうか？

Answer.

前者はもっぱら清掃や片付け作業、後者は鉄道の踏切番、寄宿舎の管理人の業務等です。

まず、「軽易な業務に従事する者」ですが、最低賃金法施行規則では、「当該労働者の従事する業務が当該最低賃金の適用を受ける他の労働者の従事する業務と比較して特に軽易な場合に限る」こととされています（第３条第２項ただし書）。これは、建設工事現場の場合でいえば、もっぱら清掃や片付け作業のみを行うような場合を想定していますが、重筋労働等で体力の消耗が激しいような作業は許可されません。

「断続的労働に従事する者」とは、地方の非常に便数の少ない鉄道の踏切番とか、寄宿舎の管理人の業務のように、仕事が途切れ途切れであってあまり量がないものをいいます。建設工事現場では、建設業附属寄宿舎の管理人兼賄人の業務で許可の対象となるものがあります。それ以外は、ほとんど無いと思われますが、個別の事案については所轄労働基準監督署長に直接相談し、許可の対象になるようであれば、申請すると良いでしょう。

Q23

働きぶりをみないと賃金額を決められないと思いますが、仮の金額を決めておいて、後日下げることは可能でしょうか？

Answer.

本人の合意があれば可能です。

一般に、賃金額を下げることについて、本人が合意することはまれです。労働基準監督署に駆け込まれれば、引き下げは否定されることになりましょう。

ところで、建設現場で働く労働者は一般に技能工ですから、それなりの技能を有しているはずです。場合によっては、一定の資格を必要とする場合もあります。しかしながら、資格を持っている場合であっても実際に作業に就かせてみないと技量がわからないことも少なくありません。

そのような場合には、雇入れの時点で「試みの使用期間」を明示し、「最初はいくらで働いてもらうが、試みの使用期間を経過して一定の技量を有していることがわかったら、最初に遡ってこの金額を支払う」というやりかたがよいのではないでしょうか。

Q24
玉掛け技能講習などの仕事に必要な資格をとるための費用を会社が負担した場合、すぐに会社を辞めた場合には本人の賃金から差し引いてよいでしょうか？

Answer.
本人の同意なく賃金から差し引くことはできません。

建設工事現場での作業には、労働安全衛生法において免許、技能講習あるいは特別教育を必要とするものが多数あります。労働災害を防止するため、一定の業務についてそのような資格を必要としています。

これらの資格を取るには、免許の場合には免許試験に合格する必要があります。玉掛け技能講習や足場の組立て等作業主任者等は、技能講習を受講する必要があります。技能講習は、都道府県労働局長に登録した講習機関が実施しており、科目の多い少ないにもよりますが、数千円から数万円の費用がかかります。

会社としては、仕事に必要だから会社の費用負担で資格を取らせるわけですが、資格は個人に付くものであり、他の企業に転職しても有効です。しかもほとんどの資格は有効期間がありませんから、一生使えることとなります。

そこで、当初はその費用を貸付として借用証を書かせておいて、一定期間働いた場合には返済を免除するというやり方なら問題ありません。ただし、前述のように一方的に賃金から控除（相殺）するのは、労働基準法違反となるのでできません。

なお、この一定期間が長すぎると身分拘束という点で問題が生じます。金額の大小にもよりますが、最長でも３年が限度でしょう。

Q25

労働者を社会保険に加入させなければならないのは、どのような場合でしょうか？
パート・アルバイトの労働者の場合にはどうでしょうか？

Answer.

社会保険には健康保険、厚生年金保険、雇用保険、労災保険などがあり、加入条件や手続の方法が異なりますので、パート・アルバイトについてとあわせて説明します。

健康保険と厚生年金保険に分けて説明します。雇用保険については Q28 を、労災保険については Q29 を参照してください。いずれも、原則として元請と協力会社すべてに適用されます。

◯健康保険

健康保険は、全国健康保険協会が行う協会けんぽと事業主が健康保険組合に加入している場合に別れます。大手企業の場合は自社に健康保険組合がある場合が少なくありません。

健康保険の加入手続は、会社が加入している協会けんぽ又は健康保険組合に対して労働者ごとに行います。

健康保険の保険料は労使折半です。

日雇労働者の場合には、当人が国民健康保険に加入していることもあります。国民健康保険の加入・脱退手続は、各個人が市区町村役場で手続をします。国民健康保険の保険料は全額本人負担です。

◯厚生年金保険

厚生年金は、原則として満 65 歳から支給されますが、未加入あるいは加入期間の合計が 10 年未満だと支給されません。その結果、リタイアした高齢の独り暮らしの方だと、生活保護を受けながら簡易宿泊施設に暮らす例もあるほどです。建設業従事者が高齢化している原因の一つでもあります。

厚生年金保険は、労働者本人の加入するしないの意志にかかわらず、厚生年金保険が適用されている事業所に勤めている労働者であって、70歳未満であれば自動的に加入することになります。外国人労働者も同様です。

パート・アルバイトなどの短期間就労者については、勤務日数および勤務時間がそれぞれ一般の従業員のおおむね４分の３以上の方が対象になります。

厚生年金保険への加入は事業所単位となっており、厚生年金保険の加入手続は事業主が行います。

また、厚生年金保険の適用事業所以外の事業所に使用される方の場合は、満70歳未満であれば事業主の同意を得て申請し、厚生労働大臣の認可を受ければ加入することができます。

厚生年金保険の適用事業所とは、株式会社などの法人の事業所（事業主のみの場合を含む）です。また、従業員が常時５人以上いる個人の事業所についても、農林漁業、サービス業などの場合を除いて厚生年金保険の適用事業所となります。これを強制適用事業所といいます。

これら以外の事業所であっても、従業員の半数以上が厚生年金保険の適用事業所となることに同意し、事業主が申請して厚生労働大臣の認可を受けることにより適用事業所となることができます。これを任意適用事業所といいます。

厚生年金保険料は、労使折半とされています。

Q26
パート・アルバイト等の厚生年金保険加入要件は、どのようになっているのでしょうか？

Answer.
常用的使用関係にあれば、被保険者となります。

厚生年金保険に加入している会社、工場、商店、船舶などの適用事業所に常時使用される70歳未満の方は、国籍や性別、年金の受給の有無にかかわらず、厚生年金保険の被保険者となります。

「常時使用される」とは、雇用契約書の有無などとは関係なく、適用事業所で働き、労務の対償として給与や賃金を受けるという使用関係が常用的であることをいいます。試用期間中でも報酬が支払われる場合は、使用関係が認められることとなります。

では、パートタイマーやアルバイト等の場合にはどうなるでしょうか。

実は、パートタイマー・アルバイト等でも事業所と常用的使用関係にある場合は、被保険者となります。常用的使用関係とは、1週間の所定労働時間および1か月の所定労働日数が同じ事業所で同様の業務に従事している一般社員の4分の3以上であることをいい、これに該当する方は被保険者とされます。

パート・アルバイトの厚生年金と健康保険

会社の規模（労働者数）	加入条件
５００人以下	社会保険加入について労使の合意があれば、次の要件をすべて満たす短時間労働者が対象となる。 ・所定労働時間が週20時間以上であること ・１か月あたりの決まった賃金が88,000円以上であること ・雇用期間の見込みが１年以上であること ・学生でないこと（夜間部、通信制、定時制の学生は対象となる。）
５０１人以上	・所定労働時間が週20時間以上であること

また、一般社員の所定労働時間および所定労働日数の４分の３未満であっても、次の五つの要件をすべて満たす方は、被保険者になります。

1. 週の所定労働時間が 20 時間以上あること

2. 雇用期間が 1 年以上見込まれること

3. 賃金の月額が 8.8 万円以上であること

4. 学生ではないこと

5. 常時 501 人以上の企業（特定適用事業所）に勤めていること

つまり、本人の加入の意志にかかわらず加入しなければなりません。

Q27

**労働者を雇用保険に加入させなければならないのは、どのような場合でしょうか？
パート・アルバイトの労働者の場合にはどうでしょうか？**

Answer.

雇用保険の場合には、社会保険と異なり雇用形態に関係なく１週間の所定労働時間が 30 時間を超える場合には、加入義務があります。

30時間未満の場合には、次の二つの要件を満たしている場合です。

1．１週間の所定労働時間が 20 時間以上であること。

2．31 日以上引き続き雇用されることが見込まれる者であること（次のいずれかに該当する場合）。

①期間の定めがなく雇用される場合

②雇用期間が 31 日以上である場合

③雇用契約に更新規定があり、31 日未満での雇止めの明示がない場合

④雇用契約に更新規定はないが同様の雇用契約により雇用された労働者が 31 日以上雇用された実績がある場合

労災保険と雇用保険を合わせて労働保険といいます。建設業でもっぱら下請としてしか工事を行わないのであれば、労災保険の加入は要しません（元請の労災保険でカバーされるため）から、雇用保険のみ加入することとなります。これが労働保険の二元適用です。

なお、労災保険は個人ごとに加入する必要はないのですが、雇用保険は個人ごととなり、保険料は労使折半となります。そのため、公共職業安定所に個人ごとに雇用保険加入資格の得喪手続を取る必要があり、事業主がこれを行います。

Q28
日雇い労働者の雇用保険とは、どのようなものでしょうか？

Answer.
一般の雇用保険と違い、日々雇用保険印紙を買うことで雇用保険料を納めることとされているほか、いくつかの要件が定められています。

日雇労働者とは、次のいずれかに該当する労働者（前2月の各月において18日以上同一の事業主の適用事業に雇用された者及び同一の事業主の適用事業に継続して31日以上雇用された者は除かれます。）をいいます（雇用保険法第42条）。

1．日々雇用される者

2．30日以内の期間を定めて雇用される者

そして、一般の雇用保険の場合は、事業主が雇用保険加入の手続を行いますが、日雇雇用保険の場合には、雇用保険加入の手続を日雇労働者自身で行わなければならないということです。

次に、雇用保険料は、印紙保険料の形で納入することとされています。

賃金日額と印紙保険料

印紙の種類	賃金日額	保険料	保険料の負担額	
			事業主	労働者
第1級	11,300円以上	176円	88円	88円
第2級	8,200円以上11,300円未満	146円	73円	73円
第3級	8,200円未満	96円	48円	48円

すなわち、日雇労働者は毎日日払いで賃金が支払われるわけですが、その際、あらかじめ事業主が日本郵便株式会社から雇用保険印紙を買っておき、労働者負担分を控除して賃金を支払い、日雇労働被保険者手帳に印紙を貼って消印することとなります。

そして、当該労働者が雇用保険から失業給付を受けるためには、失業した日の属する月の前2月間に、通算して26日以上の印紙保険料が納付されている必要があります。

なお、毎年、4月1日現在において満64歳以上の労働者については、一般保険料のうち雇用保険に相当する額が免除されますが、任意加入による高年齢継続被保険者、短期雇用特例被保険者及び日雇労働被保険者は対象から除かれます。

Q29

労災保険は、元請が加入していることで、下請の当社は加入しなくてもよいのでしょうか？

Answer.

もっぱら下請の仕事しかしておらず、営業社員も事務員も雇っていない場合には、元請の労災保険だけでよいと考えられます。工事現場での作業については、すべての下請について元請が労災保険加入することになっているからです。

しかしながら、役員ではない営業社員がいるとか、事務員を雇っているような場合、あるいは寄宿舎を有していて賄い人や管理人を直接雇っている場合には、現場の労災保険は使えません。そのため、自社でその方達の分だけ労災保険に加入する必要があります。雇用保険と合わせて一元適用となります。

なお、現場で働く以外の労働者が１人でもいれば、それがパートタイマーやアルバイトであっても、独自に労災保険に加入する必要があります。

Q30

適用事業報告は、どのような場合に提出しなければならないのでしょうか？

Answer.

建設工事現場に乗り込む場合が典型です。

適用事業報告とは、労働基準法の適用のある事業を開始した場合の報告で、原則として開始後遅滞なく所轄労働基準監督署長に提出しなければなりません（労働基準法第100条、労働基準法施行規則第57条）。

遅滞なくとは、行政法学上、遅れることについて合理的な理由がある場合を除き直ちに、の意味であるとされています。

適用事業を開始した場合とは、次のいずれかの場合をいいます。

1. 労働者を使用する事業を始めた場合（法人かどうかは問いません。）

2. 同居の親族のみで行っていた事業で、新たに同居の親族以外の労働者を雇い入れた場合。この場合、正社員として雇うのかパート・アルバイトで雇うかは関係ありません。

3. 新たに労働者を使用する支店や営業所等を開設した場合

建設工事現場は、1に当たることが多いと考えられます。

ただし、「建設現場については、現場事務所があって、当該現場において労務管理が一体として行われている場合を除き、直近上位の機構に一括して適用すること。」（昭63.91.6基発601号の2、平11.3.31基発168号）とされていますので、下請企業が提出しなければならない場合はあまりないと考えられます。

適用事業報告

様式第23号の2（第57条関係）

事業の種類	事業の名称	事業の所在地（電話番号）
土木工事業	大角建設株式会社 都道00号線共同溝 築造工事（その39）	東京都世田谷区上馬3丁目4番56号 上馬第9マンション301号室 電話（ 03 ）0000-0000 番

	種別		満18歳以上	満15歳以上満18歳未満	満15歳未満	計
労働者数	通勤	男	12			12
		女	1			1
		計	13			13
	寄宿	男				
		女				
		計				
	総計		13			13
備考			適用年月日 0000年00月00日			

0000年 00月 00日

使用者 職名 代表取締役
氏名 大角力三郎 印

渋谷 労働基準監督署長 殿

コラム 3

ヤミ売買の雇用保険印紙

雇用保険印紙は、事業主があらかじめ購入しておき、日雇雇用保険に加入している労働者に賃金を支払う際、本人負担分を控除して支払って、日雇労働被保険者手帳に貼付して消印をします。

「雇用保険印紙及び健康保険印紙の売りさばきに関する省令」により、これらの印紙は日本郵便株式会社（郵便局）が販売しています。

ところが、額面が少額とはいえ金券なので、インターネットオークション等にも出るようです。また、日雇労働者を扱っているハローワークの近くの路上でヤミ売買されていることがあります。さすがにチケットショップには出回らないようですが。

あと少しで失業給付を受けるための必要枚数がそろう（日数が達する）というとき、労働者が買うことがあるようです。

なお、2か月間で印紙が26枚以上貼られていれば、翌月失業したときにハローワークから雇用保険の失業給付を受けつつ、求職（職探し）をすることができます。

コラム4

建設業附属寄宿舎の火災と現場の労災保険

建設業附属寄宿舎での災害は、火災、食中毒、付近の土砂崩壊、洪水等、そこにいる時の災害が業務上災害となることが多いものです。これは、事業主の支配下にある時の災害だからという理由によるものです。

一般的には、そのような災害はそこに居住する労働者が通っている工事現場とは関係ないので、現場の労災保険が使えないのが普通です。

しかし、しばらく前に工事現場の労災保険となったことがありました。

その寄宿舎を所有していた協力会社は、営業社員や寄宿舎の管理人兼賄人などを雇っていたにもかかわらず、自社では労災保険に加入していませんでした。

ある時いくつか所有している寄宿舎の一つが火災を起こしました。倉庫を違法改造した寄宿舎であったため、構造上の不備から寄宿労働者が逃げ遅れ、7名が死亡しました。

労働基準監督署では、被災労働者に労災保険給付を行うため、それぞれの労働者が通っていた工事現場の労災保険を使って、労災保険給付を行いました。つまり、被災労働者が通っていた工事現場の業務上災害として計上されることになったのです。

元請からすれば、協力会社が建設業附属寄宿舎を持っているかどうかと、持っている協力会社が独自に労災保険に加入しているかどうかの確認は重要です。

なお、その協力会社は寄宿舎の構造が労働基準法と建設業附属寄宿舎規程に違反していたことから、労働基準法違反容疑で検察庁に送検され、禁錮6か月、執行猶予無しの判決となりました。

第3章

マイナンバー制度、社会保険未加入問題

概 要

平成 27 年（2015 年）10 月 1 日からマイナンバー社会保障・税番号制度が開始され、平成 28 年（2016 年）1 月 1 日から運用が開始されました。

まず、国民全員に市区町村から、住民票の住所あてにマイナンバー（個人番号）が通知されます。この時「通知カード」が送付されます。

そして、平成 28 年 1 月 1 日以降、本人の申請により、市区町村から「個人番号カード」が交付されます。

以後順次、所得税や住民税の申告、社会保険（健康保険と年金）や雇用保険等において使用することとなります。その結果、転職を繰り返していたとしても、年金記録が不明になることが防げるようになりました。

平成 24 年（2012 年）2 月、国土交通省は「建設業における社会保険未加入問題対策について」を公表し、社会保険加入の徹底に向けた取り組みを行うことを公表しました。

本章では、これらについて説明します。

Q31

マイナンバー制度とは、
どのようなものでしょうか？

Answer.

マイナンバーとは、住民票を有するすべての方に1人12桁の番号を一つだけ付けることにより、個人を特定するものです。

これにより、社会保障、税金、災害対策等の分野で効率的に情報を管理することができるとされています。

Q32
マイナンバー制度のメリットは、どのようなことでしょうか？

Answer.

メリットは三つあるとされています。

一つ目は、所得税や住民税の納付状況と、生活保護をはじめとする行政サービスの受給状況を一元的に管理することにより、不正受給を防止できることです。

その結果、本当に行政サービスを受けるべき方に対し、きめ細かなサービスの提供が可能となり、しかも受給の漏れがなくなると同時に不正受給の防止にもつながります。そのような取組を通じて、公平・公正な社会が実現されるとされています。

二つ目は、諸手続における添付書類を減らすことが可能となりますので、その分国民の負担が軽減されるとされています。

また、国民自身が行政機関が有している自分の情報を確認したり、行政機関からの種々の通知を受け取ることができるようになります。

三つ目としては、行政機関や地方公共団体などで、様々な情報について同一人かどうかの照合をしたり、それらの情報をデータとして入力したりといった作業が簡素化され、行政効率が向上するとされています。

Q33

マイナンバー制度は、個人にとっては
どのようなメリットがあるのでしょうか？

Answer.

一例ですが、次のような事例が参考になるでしょう。

我が国の年金制度は、国民年金、厚生年金と共済年金とがあり、厚生年金加入者の妻が専業主婦の場合には、保険料を負担することなく被保険者、つまり年金に加入していることとされています。

ところが、その夫が会社勤めを辞めて自営業になるなどした場合には、妻は独自に国民年金に加入するなどの手続をとらないと、年金未加入状態となってしまいます。その結果、年金受給資格がないままとなった例があり、このような例は過去にいくつもありました。

マイナンバー制度により、このような場合には、その妻に対しても年金加入を促す通知が年金事務所等から発出されることになります。

また、しばらく前に厚生労働省で年金情報が消失したことが問題とされましたが、そのようなことを防ぐことができ、転職を繰り返しても年金加入情報が継続されやすくなります。

生活保護や児童手当その他の福祉の給付や確定申告などでマイナンバーが必要とされ、受給手続が簡素化されます。

次に、今のところ実現は未定ですが、海外ではすでに行われており、我が国でも将来的な課題とされているのは、医療機関の受診歴と投薬履歴をマイナンバーで一元管理することにより、震災等でお薬手帳を紛失した場合でも、別の医療機関において処方が可能になるという点です。

今後、どのようなことに利用するか現時点では未定の部分が少なくありません。

Q34

会社としては、マイナンバー制度について、どのようなことをしなければならないのでしょうか？

Answer.

まず、労働者全員からマイナンバーの提供を受け、自動車運転免許証などの本人確認ができる書類の写しと共に保管します。

次に、税務署などマイナンバーが必要とされる行政官庁に、労働者各人のマイナンバーを届け出ます。

マイナンバーは、重要な個人情報ともいうべきものですから、入手したマイナンバーが他に漏洩しないよう、社内での管理が重要です。行政機関等に提供する場合を除き、マイナンバーをむやみに他人に提供することはできません。

コラム5

個人情報の漏洩防止

マイナンバー制度が始まり、各企業等が気を遣うのが個人情報の漏洩防止です。中には、転職するたびにその会社の全労働者のデータをUSBメモリやメールを使うなどして自宅のパソコンに盗み取る方もいます。おそらく転売目的でしょう。

ある中小企業から、個人情報の漏洩防止について相談されましたので、そのような記録用紙を販売している出版社の商品を紹介するとともに、それらのデータが入っている、あるいはアクセスできるパソコンがインターネットに接続されていると、そのデータが盗まれる可能性が大きいことを説明しました。

したがって、個人データを管理するためのパソコンはインターネットには絶対につながないで使用することが、情報漏洩を防ぐ効果的な方法です。

しかし、それ以上に、これらの個人データを手書きにし、その記載した用紙を社長室の金庫等に保管して触れることができる人を限定しておけば、漏洩のしようがないことも説明しました。最も安い漏洩防止対策です。

ところで、マイナンバーは偽名で取得できません。以前は建設工事現場の労働者が死亡事故に遭って初めて偽名であったことが判明するといったことがありました。

偽名の方にはそれなりの事情があったのでしょうが、マイナンバーを取得するためには本名が必要です。マイナンバーの提出をあまり強くいうと、そのような労働者が無断退職していくことにもつながりかねません。

Q35
マイナンバーカードとは、どのようなものでしょうか？

Answer.

本人からの申請に基づき、顔写真付きの個人番号カードが市町村から交付されます。

これは、本人確認のための身分証明書として利用できるほか、カードのICチップに搭載された電子証明書を用いて、e-Tax（国税電子申告・納税システム）をはじめとした各種電子申請が行えることや、居住している自治体の図書館利用証や印鑑登録証など、各自治体が条例で定めるサービスにも利用できます。

なお、個人番号カードに搭載されるICチップには、券面に書かれている情報の外、電子申請のための電子証明書は記録されますが、所得の情報や病気の履歴などの機微な個人情報は記録されません。そのため、個人番号カードを紛失した場合などであっても、その一枚からすべての個人情報がわかってしまうということはありません。

Q36

労働者が会社にマイナンバーを提供すると、悪用されることはないのでしょうか？

Answer.

マイナンバーを安心・安全にご利用いただくために、政府では、制度面とシステム面の両方から個人情報を保護するための措置を講じています。

マイナンバーの導入を検討していた段階で、個人情報が外部に漏れるのではないか、他人のマイナンバーでなりすましが起こるのではないか、といった懸念の声もありました。

まず制度面の保護措置としては、法律に規定があるものを除いて、マイナンバーを含む個人情報を収集したり、保管したりすることを禁止しています。また、特定個人情報保護委員会という第三者機関が、マイナンバーが適切に管理されているかどうかの監視・監督を行います。さらに法律に違反した場合の罰則も、従来より重くなっています。

システム面の保護措置としては、個人情報を一元管理するのではなく、従来どおり、年金の情報は年金事務所、税の情報は税務署といったように分散して管理します。また、行政機関の間で情報のやりとりをするときも、マイナンバーを直接使わないようにしたり、システムにアクセスできる人を制限したり、通信する場合は暗号化を行うなどして、個人情報の保護に関して、さまざまな措置を講じることとされています。

Q37

労働者がマイナンバーを会社に提供しないとどうなりますか？

Answer.

所得税、住民税、雇用保険、厚生年金等の申請手続が進められません。

また、不幸にして労働災害に遭われた場合に、労災保険の受給手続ができないこととなりかねません。

マイナンバーの提供を無理強いはできませんが、マイナンバーの管理に関する社内規定を整備するなどして、労働者が安心してマイナンバーを会社に提供できるようにする必要があります。

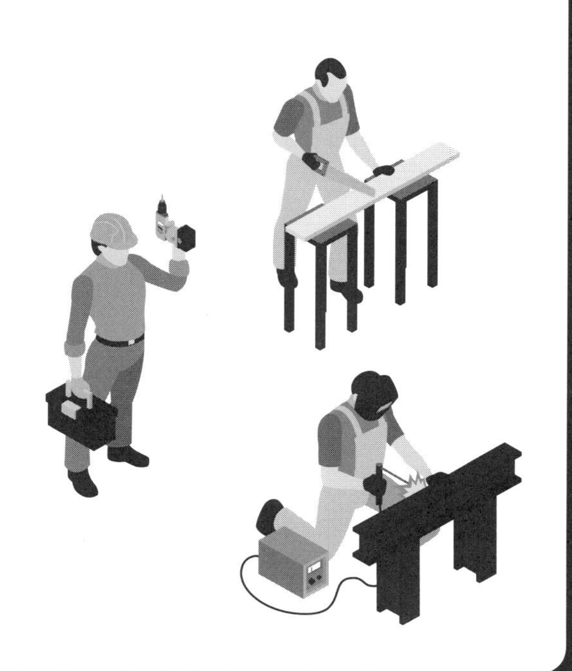

Q38

外国人労働者のマイナンバーはどうなりますか？

Answer.

住民登録をした外国人労働者には、
マイナンバー（個人番号）が交付されます。

外国人でも、日本に住民登録をした場合には、マイナンバーが振り出され、その申請によりマイナンバーカードが交付されます。

外国人労働者は、本邦に中長期間在留することになりますから、在留カードの交付を受けて居住地を定めた日から14日以内に、居住地の市区町村役場に転入届を提出しなければなりません。これにより住民登録がされ、当該外国人のための住民票が作成されます。住民登録された外国人は、マイナンバー交付の申請をすることができます。

交付されるマイナンバーは、他の国民と同じく12桁の数字となります。

外国人労働者が本国に帰国しても、生涯マイナンバーは変わりません。当該外国人が、本国へ再入国の許可を得ることなく本邦を出国する場合には、在留カードとともに通知カード又は個人番号カードを市町村役場に返却しなければなりません。返却と同時に、その外国人にはマイナンバーが記載されたカードが交付されます。

技能実習などでその外国人が本邦に再入国し、再び中長期滞在することになった場合には、そのカードを提示することで同じマイナンバーが交付されることとなります。

平成31年（2019年）4月に創設された新たな在留資格のうち特定技能2号の場合、在留期間更新の制限がなくなりました。技能実習や特定技能1号から特定技能2号に移行した方など、マイナンバー取得は必須といってよいでしょう。

Q39
会社のマイナンバーとは、
どういうことでしょうか？

Answer.
会社にもマイナンバーが交付されます。

法人には、１法人ごとに一つの法人番号（13 桁）が指定され、どなたでも自由に使用できることとされています。

コラム 6

被災者の名は時雨弥三郎

あるマンション新築工事現場で死亡災害が発生しました。筆者が現場に着くと、１階のコンクリート床に突っ伏している顔色の悪い中年の職人がいました。それが被災者でした。即死だったため、救急車には乗せてもらえなかったのです。

名前を確認すると時雨弥三郎だというのです。労働者名簿も健康診断記録も技能講習修了証もその名前でした。当時私は、「本当にこのようなお芝居みたいな名前の人がいるのだろうか」と思いました。

案の定、解剖をした警察署から偽名とのことで遺体が戻ってきたのは１か月後でした。指紋で身元がわかったというのですから、前科があったのです。

筆者の想像ですが、前科を持ったいきさつはわかりませんが、一から出直しのつもりで偽名で働き始めたのではないでしょうか。作業員宿舎（建設業附属寄宿舎）を有する会社では、往々にしてそのような方の前歴を問わずに受け入れています。

マイナンバー制度により本人確認を徹底するようになると、今後、そのような方々の更生に影響が出るのでしょうか。

Q40
建設業の社会保険未加入問題とは、どのようなことでしょうか？

Answer.

**建設業は重層下請構造となっています。
その各段階における労働者や、末端を支えている
一人親方が、本来は全員が加入しているはずの
社会保険に加入していない例が多いということです。**

なお、ここで社会保険といっているのは、年金、医療、雇用保険のことです。また、年金とは厚生年金又は国民年金のことです。

建設業には、これらに未加入の業者が少なからずあることにより、技能労働者の処遇が低下し、若年の入職者が減少している原因とされています。

また、未加入であることから必要な法定福利費を負担しないことにより請負金額を低く見積るなど、受注競争が公正でない状況となっています。

Q41

社会保険を所管している厚生労働省ではなく、国土交通省が年金等未加入を問題としているのはなぜでしょうか？

Answer.

建設業従事者の減少に国土交通省が危機感を抱いているからです。

これまで、建設業の事業者が少なからず廃業していて、人口の少子高齢化と合わせ、就労人口に占める建設業従事者の割合が低下していると共に建設業に従事している人口も減少しています。

一方、東日本大震災において、地元の建設業者の存在意義が大きくクローズアップされました。すなわち、津波で町のほとんどががれきの山となり、自衛隊も警察も消防署も救助に入れないときに、「ここは道路だから」とがれきを撤去したのは地元の建設業者でした。また、台風のときに川の土手に土嚢を積むことや、降雪時に夜通し車を走らせて峠に凍結防止剤をまくのも地元業者でした。そのようなことから、地元の建設業者がきちんと生計を維持できなければ、国民生活は成り立ちません。

ところが、建設業に従事する者全員が必ずしも社会保険に加入しておらず、医療や失業時における不安がなくなりません。また、リタイアした後の収入である年金を含めた生涯収入が他の職業より少ないことから、就労者、特に若年入職者が減っている状況が認められています。

そこで、2020年の東京オリンピックを控えるなど建設需要が高まりつつあるこの時期に、技能労働者の処遇改善を目指すことで若年入職者の減少を抑える必要から国土交通省がこの問題の解消に向けて取り組むこととしたものです。

もちろん、国土交通省だけでこの問題の解決が図れるわけではありませんから、行政、元請と協力業者が一体となって保険加入の推進を図る必要があるとされています。

Q42

社会保険の未加入解消のための費用負担は、どうなるのでしょうか？

Answer.

社会保険の費用負担を見込んだ適正な請負金額で受注するように取組む必要があります。

厚生年金の掛金負担は労使折半となっています。会社と労働者が半分ずつ負担します。健康保険と雇用保険も同様です。国民健康保険と国民年金は全額加入者負担です。

建設業では、末端の協力会社などが一人親方に発注していることがままあります。一人親方とは、労働者を使用していない経営者です。一般的には国民健康保険と国民年金に加入しなければならないのですが、いずれも未加入の場合が少なくありません。その分請負金額が抑えられている面もあります。

一人親方以外の協力会社（法人でない場合を含みます。）では、社会保険に加入義務がありますが、保険料の会社負担分を支払いたくないとか、労働者本人も手取りが多い方が良いなどの理由で未加入の場合があります。

これらの社会保険の掛金は、請負金額から人件費の一部として支出されますから、それを見込んだ請負金額でなければ、負担できないこととなります。そのため、国の発注工事を始め、年金掛金の費用負担を見込んだ請負金額で発注することとなります。地方自治体もこれにならうはずです。民間工事の場合には、その点について発注者の理解を得る必要があります。

なお、せっかく年金掛金負担分を見込んだ額で受注しても、年金未加入のままその分を会社の利益にしてしまうと問題が生じます。国土交通省からの行政指導にとどまらず、年金事務所の立入調査を受ける場合も考えられます。

Q43

社会保険に新規に加入する場合、どのような手続が必要でしょうか？

Answer.

健康保険は業界の健康保険組合、そのような健康保険組合に加入できない場合には「協会けんぽ」に加入手続をすることとなります。

また、年金は、厚生年金に加入しますから地元の年金事務所で手続をします。雇用保険と労災保険は、労働基準監督署で労働保険加入の手続をとり、ハローワーク（公共職業安定所）で労働者一人一人に関する資格の取得・喪失の手続をとります。

専ら下請としての業務のみを行なう場合には、労災保険に加入しない場合がありますので、そのときは労働保険の二元適用となり、雇用保険の手続のみとなります。

ただし、元請としての仕事をしない場合であっても、事務員や営業社員、あるいは建設業附属寄宿舎（作業員宿舎）を有していて管理人や賄人等を雇っている場合には、その方々の部分の労災保険には加入しなければなりません。この場合は両方に加入するので一元適用といいます。

これらの事務手続を自社で行うのが困難な場合には、社会保険労務士に業務を委託したり、労働保険事務組合に加入することでそれらの事務をその事務組合に委託することができます。

第4章

現場入場時

概要

厚生労働省の統計によると、建設工事現場で発生する労災事故は、労働者の経験年数等に関係なく、現場に入場して7日以内に発生しているものが40％近くを占めています。ということは、最初の1週間を無事に過ごしたならば、労災事故に遭う可能性は従来の6割以下に減るともいえます。

そのため、新規入場時教育の徹底が求められていますし、近年は、協力会社に対し送り出し教育の実施を求める元請も増えています。

労働者を雇い入れてすぐに現場に配置する企業もあろうと思いますが、元請への提出書類等も多々ありますし、雇用管理責任者の配置をはじめ、協力会社としてやらなければならないことが集中しているのが、現場入場時です。

本章では、これらのことについて説明します。

Q44

雇用管理責任者とは、どのようなものでしょうか？

Answer.

事業主が、建設事業を行う事業所ごとに選任し、建設業労働者の労務管理を担当する責任者のことです。

「建設労働者の雇用の改善等に関する法律」（建設業雇用改善法）第５条において「事業主は、建設事業を行う事業所ごとに、雇用管理責任者を選任しなければならない。」と規定しています。

雇用管理責任者には、次の業務を行わせなければなりません。

1. 建設労働者の募集、雇入れ及び配置に関すること。
2. 建設労働者の技能の向上に関すること。
3. 建設労働者の職業生活上の環境の整備に関すること。
4. 前３号に掲げるもののほか、建設労働者に係る雇用管理に関する事項で厚生労働省令で定める次の事項。
   ①労働者名簿及び賃金台帳に関すること。
   ②労働者災害補償保険、雇用保険及び中小企業退職金共済制度その他建設労働者の福利厚生に関すること。

事業主は、雇用管理責任者を選任したときは、当該雇用管理責任者の氏名を当該事業所に掲示する等により当該事業所の建設労働者に周知させるように努めなければなりません（同条第２項）。

事業主は、雇用管理責任者について、必要な研修を受けさせる等前述の事項を管理するための知識の習得及び向上を図るように努めなければなりません（同条第３項）。

Q45

雇用管理責任者に選任するための資格があるのでしょうか？

Answer.

法令上雇用管理責任者の資格については、特段の定めはありません。

しかしながら、建設労働者の雇用管理に関して責任を持つという職務の性格から、労務管理の実務経験が豊富な現場事務所長や労務課長等のように、企業内においてある程度の地位がある者であって、雇用管理に関する相当の実務経験を有する方が望ましいといえましょう。

Q46

雇用管理責任者を選任した場合、行政官庁に報告などが必要なのでしょうか？

Answer.

行政官庁への書類の届出に関する公的な手続は特に必要とされていません。

しかしながら、雇用管理責任者を選任した時は、雇用管理責任者が誰であるかをその事業所で働く建設労働者に周知させる必要があります。雇用にまつわる苦情等の窓口になるからです。

周知の方法は、法令上定めていません。周知方法の例としては、掲示板への掲示、ステッカー・腕章の着用等により表示する方法があります。

Q47

現場入場時教育とは、どのようなものでしょうか？

Answer.

新たに工事現場で就労することとなった協力会社の労働者に対し、工事の概要、現場の状況、現場における安全衛生に関するルール等について、現場で実施する教育です。

一般的には協力会社で組織する協力会が行います。協力会の代わりに職長会が行う場合もあります。いずれも、その会場、講師、教材の提供等、元請が援助することが少なくありません。

その際、元請企業によって多少の違いがありますが、所持している資格や、雇用関係、健康状態の確認等をしています。

実施の目的は、第一に労働災害の防止です。建設工事現場で発生する労災事故は、労働者の経験年数等に関係なく、現場に入場して7日以内に発生しているものが40％近くを占めていることから、業界の取組として現場入場時教育に取り組んでいるものです。

第二には、雇用関係の確認です。建設業法により、元請の文書による承諾なく再下請をすることは禁止されています。しかし、いわゆる隠れ下請の労働者が、上の会社の作業服とヘルメットをつけて作業に従事したり、一人親方が協力会社の労働者のふりをして現場に入ることがあります。労災事故が発生してから「実は」ということで実態が発覚し、元請のその後の処理に困難を来すことが少なくありません。

そのため、元請としてはこれらのことや、協力会社が倒産するなどして賃金不払いや請負代金の不払いを起こすのを防ぐため、正確な雇用関係を把握しようとして行うものです。「賃金は誰から受領していますか？」という設問はそのためのものです。

Q48
送り込み時教育とは、どのようなものでしょうか？

Answer.

新たに工事現場で就労することとなる労働者に対し、現場に入る前に当該協力会社が実施する教育で、工事の概要、現場の状況、現場における安全衛生に関するルール等について行うものです。

その際、安全衛生に関する特別の教育を行う必要のある業務に就かせる場合には、すでに実施済みの場合を除き、このとき合わせて実施するのが通例です。

また、現場周辺の交通事情、例えばスクールゾーンの位置と時間帯、時間設定された一方通行や右折禁止などの周知もしていることが多いようです。

なお、特別の教育については、Q50を参照してください。

Q49

安全衛生教育は、どのようなことを実施するのでしょうか？

Answer.

雇入れ又は作業内容等を変更した際に実施するものです。

雇入れの際、又は作業内容を変更した際（配置替え時等）に、次の項目について実施しなければなりません（労働安全衛生法第59条第1項、労働安全衛生規則第35条）。

1. 機械等、原材料等の危険性又は有害性及びこれらの取扱い方法に関すること。
2. 安全装置、有害物抑制装置又は保護具の性能及びこれらの取扱い方法に関すること。
3. 作業手順に関すること。
4. 作業開始時の点検に関すること。
5. 当該業務に関して発生するおそれのある疾病の原因及び予防に関すること。
6. 整理、整頓（とん）及び清潔の保持に関すること。
7. 事故時等における応急措置及び退避に関すること。
8. 前各号に掲げるもののほか、当該業務に関する安全又は衛生のために必要な事項

単に「安全第一」とか「怪我をしないように注意しろ」といったことだけでは災害を防ぐことはできません。「何をどうしなければならないか」、「何をしてはいけないか」を具体的に教えなければなりません。

Q50

特別教育とは、どのようなものでしょうか？

Answer.

一定の危険・有害な業務に労働者を就かせる際に、当該危険・有害性を十分に知らないことから労働災害を発生させることを防ぐため、実施しておく必要がある特別の安全衛生教育をいいます。

建設業で実施しなければならない危険・有害業務には、次のようなものがあります（労働安全衛生法第59条、労働安全衛生規則第36条）。

1. 研削といしの取替え又は取替え時の試運転の業務
2. 動力により駆動されるプレス機械（以下「動力プレス」という。）の金型、シヤーの刃部又はプレス機械若しくはシヤーの安全装置若しくは安全囲いの取付け、取外し又は調整の業務
3. アーク溶接機を用いて行う金属の溶接、溶断等（以下「アーク溶接等」という。）の業務
4. 高圧（直流にあつては750ボルトを、交流にあつては600ボルトを超え、7,000ボルト以下である電圧をいう。以下同じ。）若しくは特別高圧（7,000ボルトを超える電圧をいう。以下同じ。）の充電電路若しくは当該充電電路の支持物の敷設、点検、修理若しくは操作の業務、低圧（直流にあつては750ボルト以下、交流にあつては600ボルト以下である電圧をいう。以下同じ。）の充電電路（対地電圧が50ボルト以下であるもの及び電信用のもの、電話用のもの等で感電による危害を生ずるおそれのないものを除く。）の敷設若しくは修理の業務又は配電盤室、変電室等区画された場所に設置する低圧の電路（対地電圧が50ボルト以下であるもの及び電信用のもの、電話用のもの等で感電による危害の生ずるおそれのないものを除く。）のうち充電部分が露出している開閉器の操作の業務

5．最大荷重1トン未満のフオークリフトの運転（道路交通法（昭和35年法律第105号）第2条第1項第1号の道路（以下「道路」という。）上

5の2．最大荷重1トン未満のシヨベルローダー又はフオークローダーの運転（道路上を走行させる運転を除く。）の業務

5の3．最大積載量が1トン未満の不整地運搬車の運転（道路上を走行させる運転を除く。）の業務

6．制限荷重5トン未満の揚貨装置の運転の業務

6の2．伐木等機械（伐木、造材又は原木若しくは薪炭材の集積を行うための機械であつて、動力を用い、かつ、不特定の場所に自走できるものをいう。以下同じ。）の運転（道路上を走行させる運転を除く。）の業務

6の3．走行集材機械（車両の走行により集材を行うための機械であつて、動力を用い、かつ、不特定の場所に自走できるものをいう。以下同じ。）の運転（道路上を走行させる運転を除く。）の業務

7．機械集材装置（集材機、架線、搬器、支柱及びこれらに附属する物により構成され、動力を用いて、原木又は薪炭材（以下「原木等」という。）を巻き上げ、かつ、空中において運搬する設備をいう。以下同じ。）の運転の業務

7の2．簡易架線集材装置（集材機、架線、搬器、支柱及びこれらに附属する物により構成され、動力を用いて、原木等を巻き上げ、かつ、原木等の一部が地面に接した状態で運搬する設備をいう。以下同じ。）の運転又は架線集材機械（動力を用いて原木等を巻き上げることにより当該原木等を運搬するための機械であつて、動力を用い、かつ、不特定の場所に自走できるものをいう。以下同じ。）の運転（道路上を走行させる運転を除く。）の業務

8．胸高直径が70センチメートル以上の立木の伐木、胸高直径が20センチメートル以上で、かつ、重心が著しく偏している立木の伐木、つりきりその他特殊な方法による伐木又はかかり木でかかつている木の胸高直径が20センチメートル以上であるものの処理の業務（第6号の2に掲げる業務を除く。）

8の2．チェーンソーを用いて行う立木の伐木、かかり木の処理又は造材の業務（前号に掲げる業務を除く。）

9．機体重量が3トン未満の令別表第7第1号、第2号、第3号又は第6号に掲げる機械で、動力を用い、かつ、不特定の場所に自走できるものの運転（道路上を走行させる運転を除く。）の業務

9の2．令別表第7第3号に掲げる機械で、動力を用い、かつ、不特定の場所に自走できるもの以外のものの運転の業務

9の3．令別表第7第3号に掲げる機械で、動力を用い、かつ、不特定の場所に自走できるものの作業装置の操作（車体上の運転者席における操作を除く。）の業務

10．令別表第7第4号に掲げる機械で、動力を用い、かつ、不特定の場所に自走できるものの運転（道路上を走行させる運転を除く。）の業務

10の2．令別表第7第5号に掲げる機械の作業装置の操作の業務

10の3．ボーリングマシンの運転の業務

10の4．建設工事の作業を行う場合における、ジャッキ式つり上げ機械（複数の保持機構（ワイヤロープ等を締め付けること等によつて保持する機構をいう。以下同じ。）を有し、当該保持機構を交互に開閉し、保持機構間を動力を用いて伸縮させることにより荷のつり上げ、つり下げ等の作業をワイヤロープ等を介して行う機械をいう。以下同じ。）の調整又は運転の業務

10の5．作業床の高さ（令第10条第4号の作業床の高さをいう。）が10メートル未満の高所作業車（令第10条第4号の高所作業車をいう。以下同じ。）の運転（道路上を走行させる運転を除く。）の業務

11．動力により駆動される巻上げ機（電気ホイスト、エヤーホイスト及びこれら以外の巻上げ機でゴンドラに係るものを除く。）の運転の業務

12．削除

13．令第15条第1項第8号に掲げる機械等（巻上げ装置を除く。）の運転の業務

14．小型ボイラー（令第1条第4号の小型ボイラーをいう。以下同じ。）の取扱いの業務

15．次に掲げるクレーン（移動式クレーン（令第1条第8号の移動式クレーンをいう。以下同じ。）を除く。以下同じ。）の運転の業務

イ．つり上げ荷重が5トン未満のクレーン

ロ．つり上げ荷重が5トン以上の跨こ 線テルハ

16．つり上げ荷重が1トン未満の移動式クレーンの運転（道路上を走行させる運転を除く。）の業務

17．つり上げ荷重が5トン未満のデリツクの運転の業務

18．建設用リフトの運転の業務

19．つり上げ荷重が1トン未満のクレーン、移動式クレーン又はデリツクの玉掛けの業務

20．ゴンドラの操作の業務

20の2．作業室及び気こう室へ送気するための空気圧縮機を運転する業務

21. 高圧室内作業に係る作業室への送気の調節を行うためのバルブ又はコツクを操作する業務

22. 気こう室への送気又は気こう室からの排気の調整を行うためのバルブ又はコツクを操作する業務

23. 潜水作業者への送気の調節を行うためのバルブ又はコツクを操作する業務

24. 再圧室を操作する業務

24の2. 高圧室内作業に係る業務

25. 令別表第5に掲げる四アルキル鉛等業務

26. 令別表第6に掲げる酸素欠乏危険場所における作業に係る業務

27. 特殊化学設備の取扱い、整備及び修理の業務（令第20条第5号に規定する第一種圧力容器の整備の業務を除く。）

28. エツクス線装置又はガンマ線照射装置を用いて行う透過写真の撮影の業務

28の2. 加工施設（核原料物質、核燃料物質及び原子炉の規制に関する法律（昭和32年法律第166号）第13条第2項第2号に規定する加工施設をいう。）、再処理施設（同法第44条第2項第2号に規定する再処理施設をいう。）又は使用施設等（同法第53条第2号に規定する使用施設等（核原料物質、核燃料物質及び原子炉の規制に関する法律施行令（昭和32年政令第324号）第41条に規定する核燃料物質の使用施設等に限る。）をいう。）の管理区域（電離放射線障害防止規則（昭和47年労働省令第41号。以下「電離則」という。）第3条第1項に規定する管理区域をいう。次号において同じ。）内において核燃料物質（原子力基本法（昭和30年法律第186号）第3条第2号に規定する核燃料物質をいう。次号において同じ。）若しくは使用済燃料（核原料物質、核燃料物質及び原子炉の規制に関する法律第2条第10項に規定する使用済燃料をいう。次号において同じ。）又はこれらによつて汚染された物（原子核分裂生成物を含む。次号において同じ。）を取り扱う業務

28の3. 原子炉施設（核原料物質、核燃料物質及び原子炉の規制に関する法律第23条第2項第5号に規定する試験研究用等原子炉施設及び同法第43条の3の5第2項第5号に規定する発電用原子炉施設をいう。）の管理区域内において、核燃料物質若しくは使用済燃料又はこれらによつて汚染された物を取り扱う業務

28の4. 東日本大震災により生じた放射性物質により汚染された土壌等を除染するための業務等に係る電離放射線障害防止規則（平成23年厚生労働省令第152号。以下「除染則」という。）第2条第7項第2号イ又はロに掲げる物その他の事故由来放射性物質（平成23年3月11日に発生した東北地方太平洋沖地震に伴う原子力発電所の事故により当該原子力発電所から放出された放射性物質をいう。）により汚染された物であつて、電離則第2条第2項に規定するものの処分の業務

28の5. 電離則第7条の2第3項の特例緊急作業に係る業務

29. 粉じん障害防止規則（昭和54年労働省令第18号。以下「粉じん則」という。）第2条第1項第3号の特定粉じん作業（設備による注水又は注油をしながら行う粉じん則第3条各号に掲げる作業に該当するものを除く。）に係る業務

30. ずい道等の掘削の作業又はこれに伴うずり、資材等の運搬、覆工のコンクリートの打設等の作業（当該ずい道等の内部において行われるものに限る。）に係る業務

31. マニプレータ及び記憶装置（可変シーケンス制御装置及び固定シーケンス制御装置を含む。以下この号において同じ。）を有し、記憶装置の情報に基づきマニプレータの伸縮、屈伸、上下移動、左右移動若しくは旋回の動作又はこれらの複合動作を自動的に行うことができる機械（研究開発中のものその他厚生労働大臣が定めるものを除く。以下「産業用ロボット」という。）の可動範囲（記憶装置の情報に基づきマニプレータその他の産業用ロボットの各部の動くことができる最大の範囲をいう。以下同じ。）内において当該産業用ロボットについて行うマニプレータの動作の順序、位置若しく

は速度の設定、変更若しくは確認（以下「教示等」という。）（産業用ロボットの駆動源を遮断して行うものを除く。以下この号において同じ。）又は産業用ロボットの可動範囲内において当該産業用ロボットについて教示等を行う労働者と共同して当該産業用ロボットの可動範囲外において行う当該教示等に係る機器の操作の業務

32. 産業用ロボットの可動範囲内において行う当該産業用ロボットの検査、修理若しくは調整（教示等に該当するものを除く。）若しくはこれらの結果の確認（以下この号において「検査等」という。）（産業用ロボットの運転中に行うものに限る。以下この号において同じ。）又は産業用ロボットの可動範囲内において当該産業用ロボットの検査等を行う労働者と共同して当該産業用ロボットの可動範囲外において行う当該検査等に係る機器の操作の業務

33. 自動車（二輪自動車を除く。）用タイヤの組立てに係る業務のうち、空気圧縮機を用いて当該タイヤに空気を充てんする業務

34. ダイオキシン類対策特別措置法施行令（平成 11 年政令第 433 号）別表第 1 第 5 号に掲げる廃棄物焼却炉を有する廃棄物の焼却施設（第 90 条第 5 号の 3 を除き、以下「廃棄物の焼却施設」という。）においてばいじん及び焼却灰その他の燃え殻を取り扱う業務（第 36 号に掲げる業務を除く。）

35. 廃棄物の焼却施設に設置された廃棄物焼却炉、集じん機等の設備の保守点検等の業務

36. 廃棄物の焼却施設に設置された廃棄物焼却炉、集じん機等の設備の解体等の業務及びこれに伴うばいじん及び焼却灰その他の燃え殻を取り扱う業務

37. 石綿障害予防規則（平成 17 年厚生労働省令第 21 号。以下「石綿則」という。）第 4 条第 1 項各号に掲げる作業に係る業務

38. 除染則第 2 条第 7 項の除染等業務及び同条第 8 項の特定線量下業務

39. 足場の組立て、解体又は変更の作業に係る業務（地上又は堅固な床上における補助作業の業務を除く。）

40. 高さが2メートル以上の箇所であつて作業床を設けることが困難なところにおいて、昇降器具（労働者自らの操作により上昇し、又は下降するための器具であつて、作業箇所の上方にある支持物にロープを緊結してつり下げ、当該ロープに労働者の身体を保持するための器具（第539条の2及び第539条の3において「身体保持器具」という。）を取り付けたものをいう。）を用いて、労働者が当該昇降器具により身体を保持しつつ行う作業（40度未満の斜面における作業を除く。以下「ロープ高所作業」という。）に係る業務

41. 高さが2メートル以上の箇所であつて作業床を設けることが困難なところにおいて、墜落制止用器具（令第13条第3項第28号の墜落制止用器具をいう。第130条の5第1項において同じ。）のうちフルハーネス型のものを用いて行う作業に係る業務（前号に掲げる業務を除く。）

これらは、それぞれ厚生労働省告示により、科目と実施時間数（カリキュラム）が定められており、実施結果を記録し3年間保存しておく必要があります。社外で受講させてもかまいません。

Q51

福島県の制限区域内で作業を行うときの安全衛生教育の内容は、どうなっているのでしょうか？

Answer.

汚染土壌等の除染等の業務、その方法に関する知識等、機械等の取扱いについて実施します。

平成24年（2012年）1月1日から、「東日本大震災により生じた放射性物質により汚染された土壌等を除染するための業務等に係る電離放射線障害防止規則」（最終改正：平成29・3・29厚生労働省令第29号。略称「除染電離則」）が施行されています。

除染電離則では、次の業務について特別教育を実施すべきこととしています。

除染等業務（同則第2条7項）

1. 汚染土壌等の除染等の業務
2. 廃棄物収集等業務（原子力発電所の事故由来放射性物質に係るもの）
3. 特定汚染土壌等取扱業務

教育すべき内容は、次の5項目です（同則第19条）。

科　目	時間
1. 電離放射線の生体に与える影響及び被ばく線量の管理の方法に関する知識	1時間
2. 除染等作業の方法に関する知識	1時間
3. 除染等作業に使用する機械等の構造及び取扱いの方法に関する知識 （特定汚染土壌等取扱業務に労働者を就かせるときは、特定汚染土壌等取扱作業に使用する機械等の名称及び用途に関する知識に限る。）	1時間
4. 関係法令	1時間
5. 除染等作業の方法及び使用する機械等の取扱い （特定汚染土壌等取扱業務に労働者を就かせるときは、特定汚染土壌等取扱作業の方法に限る。）	1時間

除染等業務作業指揮者の教育

除染等業務を行うときは、除染等作業を指揮するため必要な能力を有すると認められる者のうちから、当該除染等作業の指揮者を定め、その者に除染電離則第8条第1項の作業計画に基づき当該除染等作業の指揮を行わせるとともに、次の各号に掲げる事項を行わせなければなりません（除染等電離則第9条）。

1．除染等作業の手順及び除染等業務従事者の配置を決定すること。
2．除染等作業に使用する機械等の機能を点検し、不良品を取り除くこと。
3．放射線測定器及び保護具の使用状況を監視すること。
4．除染等作業を行う箇所には、関係者以外の者を立ち入らせないこと。

この「必要な能力を有すると認められる者」について、平成23年12月22日付け基発1222第6号（最終改正平成26年）「除染等業務従事する労働者の放射線障害防止のためのガイドライン」の別紙7において、「除染等業務（特定汚染土壌等取扱業務については、作業場所の平均空間線量率が2.5 μSv/h を超える場合に限る。）の作業指揮者に対する教育は、学科教育により行うものとし、次の表の左欄に掲げる科目に応じ、それぞれ、中欄に定める範囲について、右欄に定める時間以上実施すること。」とされています。

科目	範囲	時間
作業の方法の決定及び除染等業務従事者の配置に関すること	① 放射線測定機器の構造及び取扱方法 ② 事前調査の方法 ③ 作業計画の策定 ④ 作業手順の作成	2時間30分
除染等業務従事者に対する指揮の方法に関すること	① 作業前点検、作業前打ち合わせ等の指揮及び教育の方法 ② 作業中における指示の方法 ③ 保護具の適切な使用に係る指導方法	2時間
異常時における措置に関すること	① 労働災害が発生した場合の応急の措置 ② 病院への搬送等の方法	1時間

特定線量下業務

これは、平均空間線量率が毎時2.5 μSvを超える場所における業務のうち、1に掲げるもの以外のものをいいます。建設業の仕事のすべてと測量等もこれに該当します。

教育すべき内容は、次の3項目です（同則第25条の8）。

科 目	時 間
1. 電離放射線の生体に与える影響及び被ばく線量の管理の方法に関する知識	1時間
2. 放射線測定の方法等に関する知識	30分
3. 関係法令	1時間

コラム 7

労働基準監督署の立入調査があって
違反の指摘がなかった場合、喜んでよいか？

工事現場には、突然、労働基準監督署の立入調査が入ることがあります。原則として予告はありません。

各種書類の提示を求め、現場を巡回し、法令違反があるかどうかにより、使用停止等命令書、是正勧告書又は指導票が交付されます。急迫した労働災害発生のおそれがあると認められると、緊急措置命令書が交付されることがあります。

現在では、建設現場における遵法水準が上がっていますので、一昔前に比べると使用停止等命令書が交付されることは少なくなりました。

ところで、労働基準監督署の職員も人間です。中には、形式的に仕事をして楽をしようとする職員もいます。

労働基準監督署の職員は、違反の指摘をし、使用停止等命令書や是正勧告書を交付すると、その後、それが是正されたかどうかの確認をしなければなりません。それを煩わしいと思う職員が中にはいるのです。

ということは、何の文書も受けなかったといって喜んでばかりはいられないということです。現場に立入調査に来た職員の、業界での評判を聞いてみる必要があるかもしれません。

ちなみに私は、公務員当時、自分が立入調査した現場で災害を起こしてもらいたくないとの思いで仕事をしていました。時には、元請として下請業者の手抜きをどう見抜くかということを若い現場監督に説明したこともありました。そのせいかどうか、違反の指摘をして改善を求める文書を渡したとき、ほとんどの場合「ありがとうございました」と言われ、私のほうが驚きました。

Q52

乗り込みセットとは、どのようなものでしょうか？

Answer.

ゼネコンが用意しているもので、新たに工事現場で施工することとなった下請に対し、建設業法等により元請への提出が義務づけられている書類の一式を渡し、記載したものの提出を求めているものです。

一般 社団法人全国建設業協会から、次の統一様式が示されています。元請によっては書類を渡さないで、単に提出を求めている場合もあります。

書類名	様式	内容等
1 建設業法・雇用改善法等に基づく届出書（変更届）（再下請負通知書様式）		
1-2 外国人建設就労者現場入場届出書 様式第１号－甲	様式第１号－甲 - 別紙	技能実習終了後引続き国内に在留する者又は一旦本国へ帰国した後再度日本に入国する者を現場で就労させるとき元請に提出するもの
2 下請負業者編成表	様式第１号－乙	請負関係と再下請関係の一覧表
3 施工体制台帳作成建設工事の通知	様式第２号	元請が作成して下請に渡すもの
4 施工体制台帳	様式第３号	提出する下請業者の建設業許可、監督員名等
5 工事作業所災害防止協議会兼施工体系図	様式第４号	下請負業者編成表に基づき元請が作成するもので、請負関係の一覧表
6 作業員名簿	様式第５号	下請負業者が作成する自社の作業員の氏名、生年月日、有する資格等の一覧表
7 工事安全衛生計画書	様式第６号	下請負業者が作成する自社の施工に関する安全衛生に関する計画書
8 新規入場時等教育実施報告書	様式第７号	下請負業者の労働者に対する新規入場時等教育の実施年月日、内容等に関する元請への報告書
9 安全ミーティング報告書	様式第８号	下請業者が毎日の作業開始前に行った安全ミーティングの内容等について元請に報告するもの
10 移動式クレーン・車両系建設機械等使用届	様式第９号	下請業者が現場内で使用する移動式クレーン・車両系建設機械に関する元請への報告書
11 持込機械等使用届	参考様式第６号	下請業者が現場内で使用する電動工具や電気溶接機等の持込機械の元請への報告書
12 工事・通勤用車両届	参考様式第８号	下請業者が使用する車両に関する元請への報告書
13 有機溶剤・特定化学物質等持込使用届	様式第 11 号	下請業者が使用する有機溶剤や特定化学物質等に関する元請への報告書
14 火気使用願	参考様式第９号	下請業者が溶接等の火気を使用する場合に、あらかじめ元請に提出する報告書（許可願）
15 乗り込みマップ	様式なし	元請が渡すもので、元請への提出は要しない

全建統一様式第1号-甲

令和 00年 00月 00日

建設業法・雇用改善法等に基づく届出書（変更届）

（再下請負通知書様式）

直近上位の注文者名	港北建設（株）殿
現場代理人名（所長名）	奈良一郎 殿
元請名称	加藤建設株式会社

【報告下請負業者】

〒144-0056

住所 東京都大田区西六郷1-2-34

TEL 03-0000-0000

FAX 03-0000-0000

会社名 大角建設株式会社

代表者名 大角力三郎 ㊞

《自社に関する事項》

工事名称及び工事内容	都道00号線共同溝築造工事（その39）			
工期	自 令和00年 00月 00日	注文者との契約日	令和00年 00月 00日	
	至 令和00年 00月 00日			

	施工に必要な許可業種	許可番号		許可（更新）年月日
建設業の許可	土木一式工事	(大臣) (特定) 知事 一般	第 000000 号	平成 30年 00月 00日
		大臣 特定 知事 一般	第 号	

健康保険等の加入状況	保険加入の有無[1]	健康保険 (加入) 未加入 適用除外	厚生年金保険 (加入) 未加入 適用除外	雇用保険 (加入) 未加入 適用除外

健康保険等の加入状況	事業所整理番号等	営業所の名称[2]	健康保険[3]	厚生年金保険[4]	雇用保険[5]
		本社	000000	0000000	13106-000000

外国人建設就労者の従事の状況（有無）	(有) 無	外国人技能実習生の従事の状況（有無）	(有) 無

1．外国人技能実習生が当該建設工事に従事する場合は「有」、従事する予定がない場合は「無」のいづれかに○印を付すこと
2．外国人建設就労者が当該建設工事に従事する場合は「有」、従事する予定がない場合は「無」のいづれかに○印を付すこと

監督員名	松田吉秀	安全衛生責任者名	松田吉秀
権限及び意見申出方法	契約書記載のとおり	安全衛生推進者名	松田吉秀
現場代理人名	松田吉秀	雇用管理責任者名	橋本道雄
権限及び意見申出方法	契約書記載のとおり	※専門技術者名	
※主任技術者名	(専任) 非専任 松田吉秀	資格内容	
資格内容	実務経験（10年・土）	担当工事内容	

《再下請負関係》 再下請負業者及び再下請負契約関係について次のとおり報告いたします。

会社名	株式会社松島組	代表者名	代表取締役 松島玲次
住所 電話番号	〒 210－0823 川崎市川崎区江川 1-2-9 (TEL 044－000－0000)		
工事名称及び 工事内容	都道 00 号線共同溝築造工事（その 39）		
工期	自 令和 00 年 00 月 00 日 至 令和 00 年 00 月 00 日	契約日	令和 00 年 00 月 00 日

建設業の許可	施工に必要な許可業種		許可番号	許可（更新）年月日
	土木 工事業	大臣 特定 (知事) (一般)	第 000000 号	平成 00 年 00 月 00 日
	工事業	大臣 特定 知事 一般	第 号	年 月 日

健康保険等の加入状況	保険加入の有無[1]	健康保険		厚生年金保険	雇用保険
		(加入) 未加入 適用除外		(加入) 未加入 適用除外	(加入) 未加入 適用除外
	事業所整理番号等	営業所の名称[2]	健康保険[3]	厚生年金保険[4]	雇用保険[5]
		本社	000000	00000000	000000

外国人建設就労者の従事の状況（有無）	(有) 無	外国人技能実習生の従事の状況（有無）	有 (無)

1．外国人技能実習生が当該建設工事に従事する場合は「有」、従事する予定がない場合は「無」のいずれかに○印を付すこと
2．外国人建設就労者が当該建設工事に従事する場合は「有」、従事する予定がない場合は「無」のいずれかに○印を付すこと

現場代理人名	梓川勝男
権限及び意見申出方法	契約書記載のとおり
※主任技術者名	(専任) 非専任 梓川勝男
資格内容	一級土木施工管理技士

安全衛生責任者名	梓川勝男
安全衛生推進者名	梓川勝男
雇用管理責任者名	八谷末吉
※専門技術者名	
資格内容	
担当工事内容	

（記入要領）

※〔主任技術者、専門技術者の記入要領〕

1 主任技術者の配属状況について「専任・非専任」のいずれかに○印を付すこと。

2 専門技術者には、土木・建築一式工事を施工する場合等で、その工事に含まれる専門工事を施工するために必要な主任技術者を記載する。（一式工事の主任技術者が、専門工事の主任技術者としての資格を有する場合は専門技術者を兼ねることができる。）
複数の専門工事を施工するために、複数の専門技術者を要する場合は、適宜欄を設けて全員を記載する。

3 主任技術者の資格内容（該当するものを選んで記入する）

① 経験年数による場合
1）大学卒「指定学科」 3年以上の実務経験
2）高校卒「指定学科」 5年以上の実務経験
3）その他 10年以上の実務経験

② 資格等による場合
1）建設業法「技術検定」
2）建築士法「建築士試験」
3）技術士法「技術士試験」
4）電気工事士法「電気工事士試験」
5）電気事業法「電気主任技術者国家試験等」
6）消防法「消防設備士試験」
7）職業能力開発促進法「技能検定」

《全建統一様式　第１号－甲》　建設業法・雇用改善法等に基づく届出書（変更届）

【記入要領】

1．報告下請負業者は直近上位の注文者に提出すること。

2．再下請負契約がある場合は《再下請負関係》欄(当用紙の右部分)を記入するとともに、次の契約書類の写しを提出する。なお、再下請が複数ある場合は《再下請負関係》欄をコピーして使用する。
①請負契約書、〈注文書・請書等〉　②請負契約約款

3．一次下請負業者は、二次下請負業者以下の業者から提出された書類とともに様式第１号-乙に準じ下請負業者編成表を作成の上、元請に届け出ること。

4．この届出事項に変更があった場合は直ちに再提出すること。

5．健康保険等の加入状況の保険加入の有無欄には、各保険の適用を受ける営業所について届出を行っている場合は「加入」を、行っていない場合（適用を受ける営業所が複数あり、そのうち一部について行っていない場合を含む）は「未加入」を、従業員規模等により各保険の適用が除外される場合は「適用除外」を○で囲む。事業所整理記号等の営業所の名称欄には、請負契約に係る営業所の名称を、健康保険欄には、事業所整理記号及び事業所番号（健康保険組合にあっては組合名）を、一括適用の承認に係る営業所の場合は、本店の整理記号及び事業所番号を、厚生年金保険欄には、事業所整理記号及び事業所番号を、一括適用の承認に係る営業所の場合は、本店の整理記号及び事業所番号を、雇用保険欄には、労働保険番号を、継続事業の一括の認可に係る営業所の場合は、本店の労働保険番号をそれぞれ記載する。
なお、この様式左側について、直近上位の注文者との請負契約に係る営業所以外の営業所で再下請業者との請負契約を行う場合には欄をそれぞれ追加する。

※　[主任技術者、専門技術者の記入要領]

1．主任技術者の配属状況について[専任･非専任]のいずれかに○印を付すこと。

2．専門技術者には、土木・建築一式工事を施工する場合等でその工事に含まれる専門工事を施工するために必要な主任技術者を記載する。（一式工事の主任技術者が専門工事の主任技術者としての資格を有する場合は専門技術者を兼ねることができる。）複数の専門工事を施工するために複数の専門技術者を要する場合は適宜欄を設けて全員を記載する。

3．主任技術者の資格内容（該当するものを選んで記載する）
　①　経験年数による場合
　　1）　大学卒[指定学科]　３年以上の実務経験
　　2）　高校卒[指定学科]　５年以上の実務経験
　　3）　その他　１０年以上の実務経験
　②　資格等よる場合
　　1）　建設業法「技術検定」
　　2）　建築士法「建築士試験」
　　3）　技術士法「技術士試験」
　　4）　電気工事士法「電気工事士試験」
　　5）　電気事業法「電気主任技術者国家試験等」
　　6）　消防法「消化設備士試験」
　　7）　職業能力開発促進法「技能検定」

【再下請負関係全建統一様式第1号一甲（左）】

※　上位の注文者と下請契約を締結した下請負人が自らの会社に関して必要事項を記載する。

①　直近上位の会社名を記載する。

②　直近上位の契約者の現場代理人名を記載する。

③　施工体制台帳作成建設工事の通知により「元請負業者名」を記載する。

④　自社の住所、会社名及び代表者名を記載する。

⑤　元請負工事名称に『に係る』を付して自社が施工する工事内容（工種・数量）を記載する。

⑥　下請負契約に係る工事内容に必要な工事工期を記載する。契約日は下請契約締結日を記載する。

⑦　自社が取得している許可業種のうち⑤の工事に必要な許可業種及び許可番号並びに許可年月日を記載する。また、建設業許可を保有していない場合は、斜線で消すこと。ただし、無許可業者は建設業法第3条ただし書き・政令第1条の2により、500万円未満の工事（建築一式では1,500万円未満）しか施工できない。
　なお、警備業に関しては、国土交通省発注工事については、一次下請となる警備会社の記載が求められているものもある。その場合は「建設業の許可」を「警備業の許可」、「施工に必要な許可業種」を「施工に必要な認定書」、「許可番号」を「認定書番号」、「許可（変更）年月日」を「有効期間と書き換え、それぞれの項目を記載する。

⑧ 監督員とは、請負契約の的確な履行を担保するため、注文者の代理人として、設計図書に従って工事が施工されているか否かを監督するもので、材料調合、見本検査等にも立ち会うのが例とされる。これは建設工事は、性質上工事完成後に施工上の暇疵を発見することは困難であり、また仮に暇疵を発見することができても、それを修復するには相当の費用を要する場合が多く、施工の段階で逐次監督することが合理的であることによる。その権限が現場代理人に委任されている場合は「現場代理人名」を記載する。

⑨ 下請負業者が再下請負業者と締結した再下請負契約書における監督員の権限及び監督員の行為についての再下請負業者が下請負業者に対する意見の申出の方法を記載する。
例）一次下請大山建設の監督員（中島）の行為について、二次下請山田工務店の注文者大山建設に対する意見

⑩ 下請負工事を請け負った会社の当該施工部分を担当する現場責任者の氏名を記載する。なお、警備業に関しては、「現場代理人名」を「現場責任者名」と書き換え、その氏名を記載する。

⑪ 下請負業者が直近上位の注文者と締結した下請負契約書における現場代理人の権限及び現場代理人の行為についての注文者が下請負業者に対する意見の申出の方法を記載する。
例）一次下請大山建設の代理人（中島）の行為について、直近上位の注文者八重洲建設の請負人大山建設に対する意見

⑫ 主任技術者は建設業法第26条の規定により、分担している施工部分に係る必要な資格を有する技術者名及び資格を記載する。なお、公共性のある重要な工事で元請会社との契約額が2,500万円（建築一式工事の場合は5,000万円）以上の場合は「専任」とし常駐する必要がある。また、警備業に関しては、現場責任者に関する交通誘導警備等級の資格を記載する。

⑬ 労働安全衛生法第16条に定められた、下請会社の安全衛生管理を担当する安全衛生責任者を選任し、その氏名を記載する。当該現場において、元請会社の統括安全責任者との連絡調整等を行う業務を担当する。資格については定めがないが、現場に常時従事する現場代理人・主任技術者又は職長等から選任する必要がある。

⑭ 労働安全衛生法第12条の2に定められた、下請会社の安全衛住管理を担当する安全衛生推進者の氏名を記載する。当該現場に常時雇用する従業員が10人以上49人以下の場合で、かつ当該現場に自らの現場事務所があり、そこで安全衛生管理が一体として行われている場合に有資格者の中から選任する必要がある。該当しない場合は、直近上位の営業所・支店等の安全衛生推進者の氏名を（　）書きで記載する。

⑮ 建設労働者雇用改善法第５条に定められた、建設労働者を雇用する一次下請会社の雇用管理責任者の氏名を記載する。雇用管理責任者に関する資格については定めがないが、雇用する建設労働者が１名でもいれば選任する必要がある。

⑯ ⑤の工事に付帯する別の専門工事（例　大工工事のみの許可を受けている下請会社が、付帯する足場組立を行う場合）を直接施工する場合に主任技術者の資格要件を満たす者を専門技術者として選任し、その者の氏名を記載する。専門技術者の資格内容は、⑫の資格内容と同じ。

⑰ 専門技術者が担当する工事内容を記載する。⑯の例でいえば、足場組立工事となる。

⑱ 登録基幹技能者の氏名及び種類（例　電気工事）を記載する。

⑲ 健康保険等の加入状況の保険加入の有無欄には、各保険の適用を受ける営業所について届出を行っている場合は「加入」を、行っていない場合（適用を受ける営業所が複数あり、そのうち一部について行っていない場合を含む）は「未加入」を、従業員規模等により各保険の適用が除外される場合は「適用除外」を○で囲む。事業所整理記号等の営業所の名称欄には、請負契約に係る営業所の名称を、健康保険欄には、事業所整理記号及び事業所番号（健康保険組合にあっては組合名）を、一括適用の承認に係る営業所の場合は、本店の整理記号及び事業所番号を、厚生年金保険欄には、事業所整理記号及び事業所番号を、一括適用の承認に係る営業所の場合は、本店の整理記号及び事業所番号を、雇用保険欄には、労働保険番号を、継続事業の一括の認可に係る営業所の場合は、本店の労働保険番号をそれぞれ記載する。
　なお、この様式左側について、直近上位の注文者との請負契約に係る営業所以外の営業所で再下請負業者との請負契約を行う場合には欄をそれぞれ追加する。

全建統一様式第1号－甲

令和 00年 00月 00日

再下請負通知書（変更届）

直近上位の注文者名 港北建設株式会社

現場代理人名（所長名） 奈良一郎 殿

【報告下請負業者】
住所 〒144-0056 東京都大田区西六郷1-2-34
TEL 03-0000-0000
FAX 03-0000-0000

元請名称	加藤建設株式会社

会社名 大角建設株式会社
代表者名 大角力三郎 ㊞

《自社に関する事項》

工事名称及び工事内容	都道00号線共同溝築造工事（その39）		
工期	自 令和00年 00月 00日 至 令和00年 00月 00日	注文者との契約日	令和00年 00月 00日

建設業の許可	施工に必要な許可業種		許可番号	許可（更新）年月日
	土木 工事業	大臣 特定	第 000000号	平成30年 00月 00日
	工事業	大臣 特定	第 号	年 月 日

監督員名	松田吉秀	安全衛生責任者名	松田吉秀
権限及び意見申出方法	契約書記載のとおり	安全衛生推進者名	松田吉秀
現場代理人名	松田吉秀	雇用管理責任者名	橋本道雄
権限及び意見申出方法	契約書記載のとおり	※専門技術者名	
※主任技術者名	（専任）非専任 松田吉秀	資格内容	
資格内容	実務経験（10年・土）	担当工事内容	
※登録基幹技能者名・種類			

健康保険等の加入状況		健康保険	厚生年金	雇用保険
保険加入の有無		（加入） 未加入 適用除外	（加入） 未加入 適用除外	（加入） 未加入 適用除外
事業所整理記号等	営業所の名称	健康保険	厚生年金保険	雇用保険
	本社	000000	0000000	13106-000000

外国人建設就労者の従事の状況(有無)	（有） 無	外国人技能実習生の従事の状況(有無)	（有） 無

（記入要領）
1 報告下請負業者は直近上位の注文者に提出すること。
2 再下請負契約がある場合は、《再下請負関係》欄（当用紙の右部分）を記入するとともに、次の契約書類（金額記載）の写し全ての階層について提出する。なお、再下請がある場合は、《再下請負関係》欄をコピーして使用する。
①請負契約書、〈注文書・請書等〉 ②請負契約約款
3 一次下請負業者は、二次下請負業者以下の業者から提出された書類とともに様式第１号－乙に準じ下請負業者編成表を作成の上、元請に届け出ること。
4 この届出事項に変更があった場合は直ちに再提出すること。
5 健康保険等の加入状況の保険加入の有無欄には、各保険の適用を受ける営業所について届出を行っている場合は「加入」を、行っていない場合（適用を受ける営業所が複数あり、そのうち一部について行っていない場合を含む）は「未加入」を、従業員規模等により各保険の適用が除外される場合は「適用除外」を○で囲む。事業所整理記号等の営業所の名称欄には、請負契約に係る営業所の名称

《再下請負関係》　再下請負業者及び再下請負契約関係について次の通り報告いたします。

会社名	山田建設株式会社	代表者名	代表取締役　山田次春
住所 電話番号	〒230-0051 横浜市鶴見区鶴見中央5-4-32（TEL 045-000-0000）		
工事名称及び工事内容	都道00号線共同溝築造工事（その39）		
工期	自　令和00年　00月　00日 至　令和00年　00月　00日	契約日	令和00年　00月　00日

建設業の許可	施工に必要な許可業種	許可番号		許可（更新）年月日
	型枠　工事業	大臣　特定 (知事)　(一般)	第　000000号	令和00年　00月　00日
	工事業	大臣　特定 知事　一般	第　号	年　月　日

現場代理人名	吉川　浩	安全衛生責任者名	吉川　浩
権限及び意見申出方法	契約書記載のとおり	安全衛生推進者名	吉川　浩
※主任技術者名	(専任) 非専任　吉川　浩	雇用管理責任者名	松本　千広
資格内容	実務経験（10年）	※専門技術者名	
		資格内容	
※登録基幹技能者名・種類		担当工事内容	

健康保険等の加入状況	保険加入の有無	健康保険	厚生年金	雇用保険
		(加入)　未加入　適用除外	(加入)　未加入　適用除外	(加入)　未加入　適用除外

事業所整理記号等	営業所の名称	健康保険	厚生年金保険	雇用保険
	本社	000000	00000000	000000

外国人建設就労者の従事の状況（有無）	有　(無)	外国人技能実習生の従事の状況（有無）	有　(無)

を、健康保険欄には、事業所整理記号及び事業所番号（健康保険組合にあっては組合名）を、一括適用の承認に係る営業所の場合は、本店の整理記号及び事業所番号を、厚生年金保険欄には、事業所整理記号及び事業所番号を、一括適用の承認に係る営業所の場合は、本店の整理記号及び事業所番号を、雇用保険欄には、労働保険番号を、継続事業の一括の認可に係る営業所の場合は、本店の労働保険番号をそれぞれ記載する。なお、この様式左側について、直近上位の注文者との請負契約に係る営業所以外の営業所で再下請業者との請負契約を行う場合には欄をそれぞれ追加する。

※［主任技術者、専門技術者、登録基幹技能者の記入要領］

1　主任技術者の配属状況について［専任・非専任］のいずれかに○印を付すこと。

2　専門技術者には、土木・建築一式工事を施工する場合等でその工事に含まれる専門工事を施工するために必要な主任技術者を記載する。（一式工事の主任技術者が専門工事の主任技術者としての資格を有する場合は専門者術者を兼ねることができる。）技技複数の専門工事を施工するために複数の専門技術者を要する場合適宜欄を設けて全員を記載する。

3　登録基幹技能者が複数いる場合は、適宜欄を設けて全員を記載する。

4　主任技術者の資格内容（該当するものを選んで記入する。）

①経験年数による場合
1）大学卒［指定学科］　3年以上の実務経験
（短大・高専卒業者を含む。）
2）高校卒［指定学科］　5年以上の実務経験
3）その他　10年以上の実務経験

②資格等による場合
1）建設業法「技術検定」
2）建築士法「建築士試験」
3）技術士法「技術士試験」
4）電気工事士法「電気工事士試験」
5）電気事業法「電気主任技術者国家試験等」
6）消防法「消防設備士試験」
7）職業能力開発促進法「技能検定」

【再下請負関係全建統一様式第1号－甲（右）】

① 再下請会社の会社名を記載する。
② 再下請会社の会社の代表者名を記載する。
③ 再下請会社の会社の住所及び電話番号を記載する。
④ 再下請会社と締結した工事名称・工事内容を記載する。
⑤ 再下請会社との契約工期を記載する。契約日は、再下請契約締結日を記載する。
⑥ 再下請会社が取得している許可業種及び許可番号並びに許可年月日を記載する。許可業種は、保有する業種のうち④の工事に必要となる業種のみ記載する。また、建設業許可を保有していない場合は、斜線で消すこと。ただし、無許可業者は建設業法第３条ただし書き・政令第１条の２により、500万円未満の工事（建築一式では1,500万円未満）しか施工できない。
⑦ 再下請会社の当該施工を担当する現場責任者の氏名を記載する。
⑧ 現場代理人の権限及び現場代理人の行為についての注文者が請負業者に対する意見の申出の方法を記述している再下請負契約書の内容を転記する。三次下請以降についても同様に直近上位業者との間に交わされた契約書の内容を転記する。
例）再下請（山田工務店）の現場代理人（間島）の行為について、注文者（大山建設）の請負人（山田工務店）に対する意見
⑨ 建設業法第26条の規定により、再下請負会社の当該施工に必要となる資格を有する主任技術者の氏名及び資格を記載する。なお、公共性のある重要な工事で【報告下請負業者】との契約額が2,500万円（建築一式工事の場合は5,000万円）を超える場合は「専任」とし常駐する必要がある。
⑩ 労働安全衛生法第16条に定められた、再下請会社の安全衛生管理を担当する安全衛生責任者を選任しその氏名を記載する。当該現場において、元請会社の統括安全責任者との連絡調整等を行う業務を担当する。資格については定めがないが、現場に常時従事する現場代理人・主任技術者又は職長等から選任する必要がある。
⑪ 労働安全衛生法第12条の２に定められた、再下請会社の安全衛生管理を担当する安全衛生推進者の氏名を記載する。当該現場に常時雇用する従業員が10人以上49人以下の場合で、かつ当該現場に自らの現場事務所があり、そこで安全衛生管理が一体として行われている場合に有資格者の中から選任する必要がある。該当しない場合は、直近上位の営業所・支店等の安全衛生推進者の氏名を（　）書きで記載する。
⑫ 建設労働者雇用改善法第5条に定められた、建設労働者を雇用する再下請会社の雇用管理責任者の氏名を記載する。雇用管理責任者に関する資格については定めがないが、雇用する建設労働者が1名でもいれば選任する必要がある。
⑬ ④の工事に付帯する別の専門工事（例　大工工事のみの許可を受けている再下請会社が、付帯する足場組立を行う場合）を直接施工する場合に主任技術者の資格要件を満たす者を専門技術者として選任し、その者の氏名を記載する。
⑭ 専門技術者の資格内容は、⑨の資格内容と同じ。
⑮ 専門技術者が担当する工事内容を記載する。⑬の例でいえば、足場組立工事となる。
⑯ 登録基幹技能者の氏名及び種類（例　電気工事）を記載する。
⑰ 健康保険等の加入状況の保険加入の有無欄には、各保険の適用を受ける営業所について届出を行っている場合は「加入」を、行っていない場合（適用を受ける営業所が複数あり、そのうち一部について行っていない場合を含む）は「未加入」を、従業員規模等により各保険の適用が除外される場合は「適用除外」を○で囲む。事業所整理記号等の営業所の名称欄には、請負契約に係る営業所の名称を、健康保険欄には、事業所整理記号及び事業所番号（健康保険組合にあっては組合名）を、一括適用の承認に係る営業所の場合は、本店の整理記号及び事業所番号を、厚生年金保険欄には、事業所整理記号及び事業所番号を、一括適用の承認に係る営業所の場合は、本店の整理記号及び事業所番号を、雇用保険欄には、労働保険番号を継続事業の一括の認可に係る営業所の場合は、本店の労働保険番号をそれぞれ記載する。

全建統一様式第5号

作　業　員　名

事業所の名称　都道00号線共同溝築造工事（その39）　　　（令和00年　00月　00日

所　長　名　奈良一郎　殿

本書面に記載した内容は、作業員名簿として、安全衛生管理や労働災害発生時の緊急連絡・対応のために元請業者に提

番号	ふりがな / 氏名	職種	※	雇入年月日 / 経験年数	生年月日 / 年齢	現住所 / 家族連絡先	(TEL / (TEL
1	たかいし よしお / 高石好男	型枠大工	現 主	H25年 8月 1日 / 00年	S 00年00月00日 / 00歳	東京都大田区…… / 厚岸郡厚岸町……	03(0 / 0153
2	ありやす かずひこ / 有安和彦	型枠大工		H30年 6月28日 / 00年	S 00年00月00日 / 00歳	東京都大田区…… / 厚岸郡厚岸町……	03(0 / 0153
	（以下略）			年　月　日 / 年	年　月　日 / 歳		
				年　月　日 / 年	年　月　日 / 歳		
				年　月　日 / 年	年　月　日 / 歳		
				年　月　日 / 年	年　月　日 / 歳		
				年　月　日 / 年	年　月　日 / 歳		
				年　月　日 / 年	年　月　日 / 歳		
				年　月　日 / 年	年　月　日 / 歳		

※印欄には次の記号を入れる。

- 現　…現場代理人
- 主　…作業主任者（複数選任のこと）
- 女　…女性作業員
- 未　…１８歳未満の作業員
- 基　…基幹技能者
- 技　…主任技術者
- 職　…職長（職長教育修了者）
- 安　…安全衛生責任者
- 能　…能力向上教育
- 再　…危険有害業務・再発防止教育
- 習　…外国人技能実習生
- 就　…外国人建設就労者

教育・資格・免許欄は次の略称で記入すること

免許等
- 発…発破技士
- ク…５ｔクレーン運転士
- 移…５ｔ以上移動式クレーン運転士
- 火…火薬取扱保安責任者
- 車系免…重量3ｔ以上車輌系運転者

作業主任者
- 高…高気圧室内
- 解…コンクリート造解体
- 地…地山掘削
- 土…土止支保工
- ず…ずい道掘削
- 覆…ずい道覆工
- はい…はい作業
- 型…型枠支保工
- 足…足場組立等
- 鉄…鉄骨組立
- 砕…コンクリート解体
- 特…特定化学物質
- 酸…酸欠危険
- 有…有機溶剤
- 木…木造建物組立
- 橋…鋼橋架設
- ＰＣ…コンクリート橋架設

9

元請確認欄	

~~平成~~令和 00年 00月 00日

（二次）

港北建設（株） 印　　会社名 大角建設（株） 印

いて、記載者本人は同意しています。

最近の健康診断日 / 血圧	血液型	特殊健康診断日 / 種類	雇入・職長特別教育	技能講習	免許	入場年月日 / 受入教育実施年月日
01年00月00日 / 95～138	A	01年00月00日 / 定期	職長 リフ、クレ	型、足、有、木、玉		00年00月00日 / 00年00月00日
01年00月00日 / 86～128	B	01年00月00日 / 定期	酸 クレ	型 玉		年 月 日 / 年 月 日
年 月 日 / ～		年 月 日				年 月 日 / 年 月 日
年 月 日 / ～		年 月 日				年 月 日 / 年 月 日
年 月 日 / ～		年 月 日				年 月 日 / 年 月 日
年 月 日 / ～		年 月 日				年 月 日 / 年 月 日
年 月 日 / ～		年 月 日				年 月 日 / 年 月 日
年 月 日 / ～		年 月 日				年 月 日 / 年 月 日
年 月 日 / ～		年 月 日				年 月 日 / 年 月 日

フト
ーダー
車
レーン
式クレーン
設

特別教育
- 砥…研削砥石
- 溶…アーク溶接
- 伐…立木の伐採
- リフ…建設用リフト
- ゴン…ゴンドラの運転
- 圧…高気圧室内
- 再…再圧室操作
- 酸…酸欠危険
- 軌…軌道装置
- クレ…5ｔ未満クレーン
- 足…足場組立等
- 車系…重量3ｔ未満車両系運転者
- ポ…コンクリートポンプ車
- 高車…高所作業車
- ボー…ボーリング
- 巻…動力巻上機
- 粉…特定粉じん
- ず…ずい道内作業
- チェ…チェンソーの作業

記載 注意事項
1. 作業主任者の選任を要する作業は正副2名専任する。
2. 資格証は必ず本証を確認した上で写しを添付すること。
3. 経験年数は現在担当している仕事の経験年数を記入する。
4. 各社別に作成するのが原則であるが、リース機械等の運転者は一緒でもよい。

Q53

乗り込みマップとは、どのようなものでしょうか？

Answer.

一部のゼネコンが用意しているもので、新たに工事現場で就労することとなった協力会社に対し、あらかじめ現場周辺の地図を渡しています。これが乗り込みマップです。

建設業では、都市部でも自動車通勤が一般的です。その場合、現場周辺での一方通行や、右左折禁止、スクールゾーン等の特殊な交通規制の状況を知らないことにより交通事故が起きやすいものです。

通勤時の交通事故といえども、場合によっては業務上災害となることもあります。また、複数の労働者が乗車中であれば、重大災害になることもあります。

そこで、時間帯による交通規制も含め、あらかじめ下請業者に現場周辺の交通事情等を通知をすることにより、交通事故を防ごうというものです。

Q54
雇用関係の確認（だれに雇われているか？）は、なぜ必要なのでしょうか？

Answer.

協力会社が元請に無断で再下請を使っていたり、一人親方を労働者のように装って採用することを防ぐためです。

このような場合でも、特段のことなく竣工すれば、何事もなく終わるわけですが、一度労働災害が発生したり、途中で協力会社が倒産するなどして賃金不払いを発生させると、元請以下すべての請負人がその対応に追われることとなります。

一般的にいって、一人親方は現場の労災保険の対象となりません。また、請負代金の未払いが生じた場合、労働者の場合と異なり、未払賃金の立替払制度の対象となりません。

そのため、元請としては、新規入場時にそのようなことがないようにしておく必要があるわけです。

通常、人は誰でも自分が災害に遭うとか、代金未払いや賃金未払いに遭うとは思っていません。そのため、現場に入るときにはそれほど重大事と考えていないこれらのことが、いざ現実に発生してみると、明日からの生活に困る結果となりがちです。

雇用関係や下請関係を正確に元請に伝えることは重要です。

参考様式 第4号

新規入場者調査票

新規入場日 00年 00月 00日

元請確認欄	

都道00号線共同溝築造工事（その39）作業所

下記調査票の個人情報については、安全衛生管理および緊急時の連絡・対応のために使用いたします。また、当社において厳重に管理し、法令に定める場合を除き、第三者には提供いたしません。不要となった時は、責任を持って処分いたします。

ふりがな	たかいし よしお	生年月日	S00年 00月 00日（48）歳	血液型	A型
氏名	高石 好男				
現住所	東京都大田区東六郷1-2-34 TEL 03（0000－0000）				

緊急連絡先

氏名	続柄	電話番号	現住所
高石 初枝	妻	0153(00)0000	厚岸郡厚岸町真栄町3-45

〈あなたが働いている会社との関係〉

事業者名	(一次) 港北建設株式会社	雇用年月日: 平成00年 00月 00日
所属会社	大角建設株式会社	
雇用契約書	(1.)取り交わし済み 2.未だ	職種: 型枠大工

（アンケートにお答え下さい）

・あなたは一人親方・中小事業主ですか	1.はい (2.)いいえ
1.に○を付けた方は、労災保険に特別加入していますか。	1.している。 2.未加入
・あなたは建設現場で働きはじめてどのくらいになりますか。	1.1年以内 2.1年～3年 (3.)3年以上
・あなたは健康診断を受けましたか。	(1.)受けた 2.受けていない
・あなたの最近の健康状態はどうですか。	1.よい (2.)まあまあである 3.あまりよくない
・この現場へ来る前に事業主から送り出し教育を受けてきました	(1.)はい 2.いいえ

〈資格について〉

技能講習（作業主任者・作業者）	□ガス溶接等 ☑玉掛け □コンクリート破砕器 □地山の掘削 □石綿 ☑有機溶剤 ☑型枠支保工の組立て等 ☑足場の組立て等 □ボイラー取扱 □コンクリート造の工作物の解体等 □酸素欠乏危険 □その他（ ）
技能講習（運転士）	□1t以上5t未満の移動式クレーン □3t以上の車両系建設機械 □3t以上の自走する基礎工事用機械 □3t以上の解体用機械 □1t以上の不整地運搬車 □10m以上の高所作業車 □1t以上のフォークリフト □1t以上のショベルローダー ☑その他（玉掛け）
特別教育（運転者・作業者）	□酸素欠乏危険作業 □3t未満の車両系建設機械 □3t未満の自走しない基礎工事用機械 □ローラー □コンクリート打設用車両系建設機器 □3t未満の解体用機械 □不整地運搬車(1t未満) □10m未満の高所作業車 □ボーリングマシン □フォークリフト(1t未満) □ショベル・フォークローダー(1t未満) □巻上げ装置 ☑建設用リフト □1t未満の玉掛け □ゴンドラ □アーク溶接等 □研削といしの取替え等 □電気取扱 ☑その他（5トン未満クレーン）

☆誓約書
・私は、会社で新規入場者教育を受けました。
・作業所の遵守事項や安全基準を遵守し、自分の身を守り、また周囲の人の安全にも気を配り作業します。
・どんな小さなケガでも必ず、当日に報告します。危険箇所や有害箇所を発見したときは、直ちに安全衛生責任者若しくは、元請職員等に連絡します。
・個人情報の取扱いについて、了承しました。

回答者自筆サイン 高石 好男 ㊞

Q55
現場ごとに適用事業報告と 36 協定届を労働基準監督署に提出しなければならないのでしょうか？（元請と下請）

Answer.

一概にいえません。

「建設現場については、現場事務所があって、当該現場において労務管理が一体として行われている場合を除き、直近上位の機構に一括して適用すること。」（昭 63.9.16 基発 601 号の 2、平 11.3.31 基発 168 号）という通達があり、ここでいう独立した事業場に該当すれば、届出は必要です。

そうでない場合には、本社、支店、営業所等の店社において、適用事業報告は最初に 1 回、36 協定届は毎年届け出ていれば、現場としての届出は必要ありません。

コラム 8

現場所長の手をつかんだ話

ある工事現場に行ったときのことです。一般的に、労働基準監督署の立入調査の場合には、現場所長かその次のクラスの人が応対されることが多いのですが、その日は現場所長が案内をしてくれました。

一通り現場を回り、では事務所に戻りましょうかというときに、現場所長はポケットからたばこを取り出し火を付けようとしました。

私はそのライターを持つ手をつかみました。目の前に「禁煙」の看板があったので、反対の手でそこを指さしました。「隗（かい）より始めよ」とはこのことです。

現場所長がルールを守っていないと、いつ災害が発生するかわかりません。誰もルールを守らなくなるからです。

Q56

ごく短期の現場の場合にも、適用事業報告等の書類の届出が必要なのでしょうか？

Answer.

その期間が 14 日以上かどうかで決まります。

適用事業報告が典型ですが、ごく短期間の仕事の場合にまで提出しなければならないとすると、事業主側に負担になります。単なる出張作業の場合もあるからです。

厚生労働省では、演劇公演の場合についてですが、14 日未満の場合には、適用事業報告の提出は要しないとの通達が出されていますから、建設工事についても同様に取り扱って差し支えないと考えられます。

Q57
現場単位で就業規則を届け出なければならないのでしょうか？

Answer.
現場が労働基準法でいう事業場に該当し、そこに常時使用する労働者が 10 名以上いるのであれば、届出を要します。

しかしながら、当該工事現場が、事業場に当たるかどうかが問題となります。

「建設現場については、現場事務所があって、当該現場において労務管理が一体として行われている場合を除き、直近上位の機構に一括して適用すること。」（昭 63.9.16 基発 601 号の 2、平 11.3.31 基発 168 号）という通達があり、ここでいう独立した事業場に該当すれば、届出は必要です。

この要件に該当しない場合には、事業場に該当しないので、現場としての届出は不要です。

Q58

元請に内緒で下請を使うことは、できるのでしょうか？

Answer.

できません、やめるべきです。

発覚しないまま工事が終わることもあるのですが、万一死亡災害や重大災害が発生した場合、発注者や元請に対して非常につらい立場におかれる可能性があります。次から仕事をもらうのはかなり厳しいことになるでしょう。

そもそも建設業法では、丸投げを原則として禁止しています（Q12参照）。自社の労働者の数が間に合わず、他社からの応援ならば一応自社の労働者として使用するとすればやむを得ないとして、内緒で下請を使っていると、元請としては万が一の場合に労働基準監督署をはじめとする諸官庁や発注者に対し、相当厳しい立場におかれることとなります。その下請が一人親方だと、死亡災害に遭っても現場の労災保険は使えません。

また、指揮命令がきちんと行えないということと、場合によっては偽装請負に当たることもありますので、判明した場合には、以降の仕事が受けられなくなる可能性も高いでしょう。

事前に事情を説明し、元請の了解を得て使うことが望ましいものです。

Q59
一人親方を雇うとき、どのような点に注意しなければならないのでしょうか？

Answer.
労災保険に特別加入しているかどうかを確認し、未加入の場合には加入を促してください。社会保険加入についても同様です。

一人親方とは、従業員のいない事業主のことです。労働者ではないため、工事現場で負傷しても労災保険の適用がありません。

それを防ぐためには、当該一人親方が労災保険に特別加入をしている必要があります。

一人親方は労働者ではないので、現場内で負傷しても労働者死傷病報告の提出はいりません。

ただし、後日、上の会社の「労働者」であるとして訴訟になることもあり、実態によっては労働者に当たる場合もないわけではないので、作業員名簿を元請に提出する際に、一人親方である旨の注記をしておいたほうがよいでしょう。

当該協力会社が倒産するなどして代金未払いを生じた場合、一人親方は未払賃金の立替払制度の対象となりません。請負代金だからです。

ただし、その現場に限り雇用契約で労働者として雇うことはかまいません。その場合、雇用契約であることが明白となる書類をそろえておく必要があります。例えば、雇用契約書（労働条件通知書、労働者名簿と賃金台帳）などです。

最近、外国人が偽造された在留カード（特定技能）で一人親方として就労している例が発覚しています。労災保険や社会保険加入の事実確認と、そのような問題意識を持っていることが重要です。

Q60
工事現場で必要な資格には、
どのようなものがありますか？

Answer.
建設工事現場では、下記の資格が必要になります。

玉掛け技能講習をはじめ、建設工事現場で必要と考えられる資格としては、次のようなものがあります。

（1）免許等

①免許
ア．クレーン運転士
イ．移動式クレーン運転士
ウ．潜水士
エ．発破技士

②技能講習
ア．玉掛け技能講習
イ．小型移動式クレーン運転技能講習
ウ．ガス溶接技能講習
エ．車両系建設機械運転技能講習
オ．フォークリフト運転技能講習
カ．高所作業車運転技能講習
キ．不整地運搬車運転技能講習

③特別教育（詳細はQ50を参照してください。）
ア．アーク溶接等の業務
イ．巻上げ機（ウィンチ）の操作
ウ．石綿の取扱い業務
エ．酸欠・硫化水素中毒危険作業
オ．高圧室内作業（圧気作業）
カ．潜水士への送気作業

キ．グラインダーのといしの取替え業務
ク．車両系建設機械の運転（ローラー等一定のもの）
ケ．粉じん作業のうち一定のもの
コ．クレーンの運転業務のうち一定のもの
サ．フォークリフトの運転業務のうち一定のもの
シ．建設用リフトの運転業務
ス．除染等業務と特定線量下業務
セ．足場の組立て、解体、変更の業務
ソ．ロープ高所作業
タ．フルハーネス型墜落制止用器具を用いる業務

（2）作業主任者

ア．足場の組立て等作業主任者
イ．型枠支保工作業主任者
ウ．地山掘削・土止め支保工作業主任者
エ．有機溶剤作業主任者
オ．特定化学物質・四アルキル鉛作業主任者
カ．石綿作業主任者
キ．ずい道等の掘削作業主任者
ク．ずい道等の覆工作業主任者
ケ．鉄骨の組立て等作業主任者
コ．木造建築物の組立て等作業主任者
サ．コンクリート造の工作物の解体等作業主任者
シ．鋼橋架設等作業主任者
ス．コンクリート橋架設等作業主任者
セ．高圧室内作業主任者
ソ．ガンマ線透過写真撮影作業主任者
タ．エックス線作業主任者
チ．コンクリート破砕器作業主任者
ツ．酸素欠乏・硫化水素中毒危険作業主任者

Q61
職長・安全衛生責任者とは、どのようなものでしょうか？

Answer.
労働安全衛生法に定める下請業者の現場責任者です。

労働安全衛生法第16条では、「第15条第1項又は第3項の場合において、これらの規定により統括安全衛生責任者を選任すべき事業者以外の請負人で、当該仕事を自ら行うものは、安全衛生責任者を選任し、その者に統括安全衛生責任者との連絡その他の厚生労働省令で定める事項を行わせなければならない。」と規定しています。

すなわち、下請業者における現場責任者です。これが安全衛生責任者です。

一方、同法第60条では、次のように定めています。

事業者は、その事業場の業種が政令で定めるものに該当するときは、新たに職務につくこととなった職長その他の作業中の労働者を直接指導又は監督する者（作業主任者を除く。）に対し、次の事項について、厚生労働省令で定めるところにより、安全又は衛生のための教育を行わなければならない。

1. 作業方法の決定及び労働者の配置に関すること。

2. 労働者に対する指導又は監督の方法に関すること。

3. 前2号に掲げるもののほか、労働災害を防止するため必要な事項で、厚生労働省令で定めるもの

安全衛生責任者は、協力会社の労働者を指揮命令する立場にありますから、この職長教育の対象となります。

現在、建設業労働災害防止協会（全国の支部、分会を含む。）では、「職長・安全衛生責任者講習」として、この両者を兼ねた講習会を実施しており、その修了者であれば、職長・安全衛生責任者として選任することができます。

なお、同法第16条第2項において、「前項の規定により安全衛生責任者を選任した請負人は、同項の事業者に対し、遅滞なく、その旨を通報しなければならない。」と定められていますから、下請業者は元請に対してその氏名等を報告する必要があります。

Q62

元方安全衛生管理者とは、どのようなものでしょうか？

Answer.

建設業の元請において選任する必要のあるもので、元請と下請との連絡調整の窓口の役割を果たすものです。

労働安全衛生法第15条の2第1項では、「統括安全衛生責任者を選任した事業者で、建設業その他政令で定める業種に属する事業を行うものは、厚生労働省令で定める資格を有する者のうちから、厚生労働省令で定めるところにより、元方安全衛生管理者を選任し、その者に第30条第1項各号の事項のうち技術的事項を管理させなければならない。」と定めています。これが元方安全衛生管理者です。

その選任を要する統括安全衛生責任者（統責者）を選任した事業者とは、次の表の左欄のいずれかの仕事であって、それぞれ下請の労働者を含む労働者数が右欄に該当する現場の元請です（労働安全衛生法施行令第7条第2項第1号、第2号、労働安全衛生規則第18条の2の2、3）。

仕事の種類	労働者数
1. ずい道等の建設の仕事	常時30人以上
2. 圧気工法による作業を行う仕事	常時30人以上
3. 橋梁の建設の仕事 （人口が集中している地域内における道路上若しくは道路に隣接した場所又は鉄道の軌道上若しくは軌道に隣接した場所において行われるものに限る。）	常時30人以上
4. 1から3まで以外の仕事	常時50人以上

統責者は、一般に元請の現場所長がなります。

元方安全衛生管理者になることができるのは、次のいずれかに該当する者です（労働安全衛生規則第18条の4）。

1．学校教育法による大学又は高等専門学校における理科系統の正規の課程を修めて卒業した者で、その後3年以上建設工事の施工における安全衛生の実務に従事した経験を有するもの
2．学校教育法による高等学校又は中等教育学校において理科系統の正規の学科を修めて卒業した者で、その後5年以上建設工事の施工における安全衛生の実務に従事した経験を有するもの
3．前2号に掲げる者のほか、厚生労働大臣が定める者

コラム 9

資格証は自宅においてあるんだけど

ある年の12月、横浜市内のある土木工事現場に立入調査に行きました。現場に入ってすぐのところで、作業員がクローラクレーン（キャタピラー式の移動式クレーン）で吊った荷を下ろす作業をしていました。

私は、「玉掛け技能講習の修了証を見せてください」といいました。「今は持っていない」とのことです。隣で作業していた作業員は、「彼は持っているよ」といいました。名前と生年月日を聞き出しました。

現場事務所前の朝礼をする場所に、資格者の一覧が掲示してありましたが、彼の名前はありませんでした。現場事務所の書類でも確認できず、後日原本を労働基準監督署に持ってきてもらうこととしました。

年が明け、一次下請の業者がその二次下請業者と一緒に私のところに来ました。後ろに元請の主任もついてきていました。

実は、作業員に資格証はどこにあるのか聞いたところ、「自宅においてある」との返事だったそうです。自宅はどこかと聞くと、「青森だ」とのこと。それならとってこい、ということで青森に行かせたのだそうです。

その後、会社でその作業員の玉掛け技能講習修了証のコピーがみつかったというのです。青森に電話をし、お前の言っていた資格証はこれかと聞いたところ、「そうだ」との返事だったそうです。

そこで、「その講習をやっている機関に電話したところ、確かにその日付でその番号の資格証を交付したが、氏名は別の人だということだった」と告げたところ、正月休みが明けても青森から戻ってこないのです、というのでした。

どうやら、会社の指示で受講したものの、最後まで受講しなかったのか、あるいは最後の試験に落ちたようでした。会社に正直に言えなかったのでしょう。会社としては、「また受けに行けばいいから、早く戻ってこい」といったとのことでした。

「そういうわけで、もうしばらく時間をください」ということでした。

第5章

賃金、労働時間、休日と深夜労働

概 要

労務管理の中心は、本章で説明する賃金や労働時間関係のことです。そのほとんどは労働基準法で定められています。それらを正確に理解しておくことが必要です。

Q63

出来高払制の保障給とは、どのようなことでしょうか？

Answer.

出来高払制をとっている場合、実績のありなしに関わらず、一定の保障給を支払うようにしなければならないということです。

建設 工事現場では、1日いくらという日当制が多いのですが、場合によっては、出来高払制をとることがあります。

すなわち、コンクリート用の型枠パネル（コンパネ）の組立を例にとれば、1平方メートル当たりの単価を決め、何平方メートル完成したかによって支給額が決まります。仕事の早い労働者は、このほうが高賃金となります。

この場合、天候によって仕事ができない場合には、賃金がゼロとなります。また、そうでない場合であっても、賃金締切日に出来高がないと、支給額がゼロ又は極端に少なく生活に困ることも生じてきます。

このようなことを防ぐため、労働基準法第27条では、「出来高払制その他の請負制で使用する労働者については、使用者は、労働時間に応じ一定額の賃金の保障をしなければならない。」と定めています。

現実的には、作業に従事した労働時間数に対し、最低賃金額＋αの保障給を定め、出来高がない場合であってもこの額を補償し、出来高がある場合には、その実績に応じた額を支払うこととしている例が多いようです。

なお、保障給を支払う場合であっても、後日実績を計算してその差額を追加で支払うことは必要となります。さらに、出来高払制であっても時間外労働等の割増賃金の支払いが必要です（労働基準法第37条、労働安全衛生規則第19条）。

Q64

保障給の最低限度額は、いくらか決まっているのでしょうか？

Answer.

決まっています。

労働基準法では、「労働時間に応じ一定額の賃金を保障しなければならない」（同法第27条）とだけ定めています。この条文だけでは、最低限度額はわかりません。

賃金の最低限度額については、最低賃金法第4条第1項において、「使用者は、最低賃金の適用を受ける労働者に対し、その最低賃金額以上の賃金を支払わなければならない。」と定めています。

また、「最低賃金の適用を受ける労働者と使用者との間の労働契約で最低賃金額に達しない賃金を定めるものは、その部分については無効とする。この場合において、無効となつた部分は、最低賃金と同様の定をしたものとみなす。」としていますので、使用者と労働者との間で、最低賃金を下回る賃金額を合意したとしても無効となります。

建設業に従事する労働者には、都道府県労働局長が定める都道府県最低賃金が適用されます。出来高払制との関係でいえば、最低賃金は時間額によって定められています（同法第3条）ので、出来高払制による賃金額を当該仕事に従事した時間数で割って、都道府県最低賃金と比較をし、それ以上であれば問題が無く、下回っていれば差額を支払う必要があります。

Q65

最低賃金を下回る賃金額を支払うことは、どのような場合に認められますか？

Answer.

都道府県労働局長から最低賃金の減額特例許可を受けた場合には、その労働者に対して許可を受けた金額で支払うことができます。

最低賃金減額特例許可申請は、次のいずれかの場合に所轄労働基準監督署長を経由して都道府県労働局長に対して行います（最低賃金法第7条、最低賃金法施行規則第3条から第5条）。

1．精神又は身体の障害により著しく労働能力の低い者

2．試みの使用期間中の者

3．職業能力開発促進法第24条第1項の認定を受けて行われる職業訓練のうち職業に必要な基礎的な技能及びこれに関する知識を習得させることを内容とするものを受ける者であって厚生労働省令で定めるもの

4．軽易な業務に従事する者その他の厚生労働省令で定める者

障害者雇用促進法による障害者や職業訓練を受ける労働者の雇用など具体的な事案があれば、事前に所轄労働基準監督署に相談すると良いでしょう。

なお、労働者が満18歳未満であるというのは、最低賃金を下回る賃金額とする理由にはなりませんので、ご注意ください。

Q66

労働時間、休憩と休日の原則はどうなっているのでしょうか？

Answer.

労働基準法で原則が決められています。

労働時間は、１週40時間、１日８時間以内が原則です。それを超えるのは時間外労働となります。

休憩は、１日の実労働が６時間を超えた場合に45分以上、８時間を超えた場合に60分以上を、労働時間の途中で与えなければなりません。

休日は、毎週１日又は４週間に４日必要です。

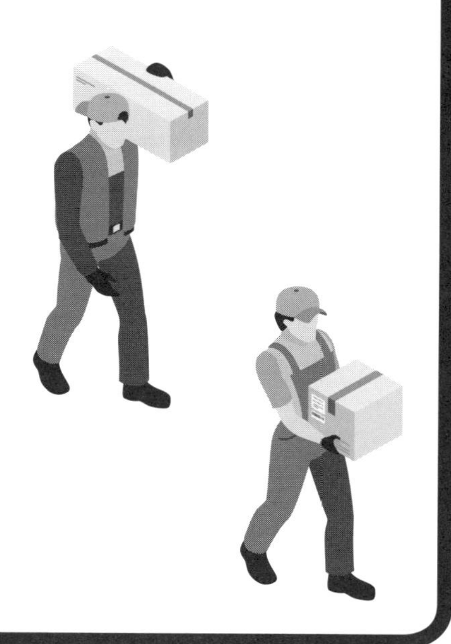

Q67

現場に入るとき、労働基準監督署に届け出る3点セットが必要と聞きました。どのようなものでしょうか？

Answer.

適用事業報告、時間外労働及び休日労働に関する協定届と就業規則届です。

就業規則届は、その現場で働く労働者が常時10人以上の場合に必要です。

総務省が作成している日本標準産業分類では、建設工事現場は事業所ではなく、請負工事の契約を締結する店社が建設業の事業所であるとしています。

労働基準法と労働安全衛生法は、それぞれの法律の目的を達成するためその考え方を拡大し、「建設現場については、現場事務所があって、当該現場において労務管理が一体として行われている場合を除き、直近上位の機構に一括して適用すること。」（昭63.9.16基発601号の2、平11.3.31基発168号）としています。

このため、下請であっても現場事務所があれば、その工事現場が労働基準法等における事業場として、法の適用を受けます。その結果、上記の3点セットの届出が必要となるものです。

現実には、元請は何かあったら困るからということで、事業場に該当するかどうかを問わず必ずこの3点は届出を済ませておくようにと指導しているところもあるようです。

時間外労働
休日労働に関する協定届

様式第９号の４（第70条関係）

事業の種類	事業の名称	事業の所在地（電話番号）
土木工事業	大角建設株式会社	東京都大田区西六郷 1-2-34　03(0000)0000

	時間外労働をさせる必要のある具体的事由	業務の種類	労働者数（満18歳以上の者）	所定労働時間	延長することができる時間数		期間
					1日	1日を超える一定の期間（起算日） 1か月（毎月1日）	
① 下記②に該当しない労働者	決算業務が集中するため	総務·経理	2	8	5	50	2019.4.1 ～ 2020.3.31
	天候による工事の中断を回復するため。また、工事の仕様変更に応じるため。	型枠大工	8	8	15	70	同上
		鉄筋工	5	8	15	80	同上
		土工	5	8	15	90	同上
② １年単位の変形労働時間制により労働する労働者							

休日労働をさせる必要のある具体的事由	業務の種類	労働者数（満18歳以上の者）	所定休日	労働させることができる休日並びに始業及び終業の時刻	期間
決算業務が集中するため	総務·経理	2	土、日	法定休日のうち月２回 08:00 ～ 20:00	同上
天候による工事の中断を回復するためと仕様変更	現場部門	18	土、日	法定休日のうち月３回 07:00 ～ 21:00	同上

協定の成立年月日　2019年　3月　28日

協定の当事者である労働組合（事業場の労働者の過半数で組織する労働組合）の名称又は労働者の過半数を代表する者の　職名　型枠大工　氏名　高石好男

協定の当事者（労働者の過半数を代表する者の場合）の選出方法（ 挙手による信任 ）

2019年　4月　1日

使用者　職名　代表取締役　氏名　大角力三郎　㊞

大田　労働基準監督署長殿

様式第９号の４（第70条関係）（裏面）

記載心得

１　「業務の種類」の欄には、時間外労働又は休日労働をさせる必要のある業務を具体的に記入し、労働基準法第36条第６項第１号の健康上特に有害な業務について協定をした場合には、当該業務を他の業務と区別して記入すること。なお、業務の種類を記入するに当たつては、業務の区分を細分化することにより当該業務の範囲を明確にしなければならないことに留意すること。

２　「労働者数（満18歳以上の者）」の欄には、時間外労働又は休日労働をさせることができる労働者の数について記入すること。

３　「延長することができる時間数」の欄の記入に当たつては、次のとおりとすること。
（１）　「１日」の欄には、労働基準法第32条から第32条の５まで又は第40条の規定により労働させることができる最長の労働時間（以下「法定労働時間」という。）を超えて延長することができる時間数であつて、１日についての延長することができる限度となる時間数を記入すること。
（２）　「１日を超える一定の期間（起算日）」の欄には、法定労働時間を超えて延長することができる時間数であつて、労働基準法第36条第１項の協定で定められた１日を超え３箇月以内の期間及び１年間についての延長することができる時間の限度に関して、その上欄に当該協定で定められた全ての期間を記入し、当該期間の起算日を括弧書きし、その下欄に、当該期間に応じ、それぞれ当該期間についての延長することができる限度となる時間数を記入すること。

４　②の欄は、労働基準法第32条の４の規定による労働時間により労働する労働者（対象期間が３箇月を超える１年単位の変形労働時間制により労働する者に限る。）について記入すること。なお、延長することができる時間の上限は①の欄の労働者よりも短い（１箇月42時間、１年320時間）ことに留意すること。

５　「労働させることができる休日並びに始業及び終業の時刻」の欄には、労働基準法第35条の規定による休日（１週１休又は４週４休であることに留意すること。）であつて労働させることができる日並びに当該休日の労働の始業及び終業の時刻を記入すること。

６　「期間」の欄には、時間外労働又は休日労働をさせることができる日の属する期間を記入すること。

７　協定については、労働者の過半数で組織する労働組合がある場合はその労働組合と、労働者の過半数で組織する労働組合がない場合は労働者の過半数を代表する者と協定すること。なお、労働者の過半数を代表する者は、労働基準法施行規則第６条の２第１項の規定により、労働基準法第41条第２号に規定する監督又は管理の地位にある者でなく、かつ同法に規定する協定等をする者を選出することを明らかにして実施される投票、挙手等の方法による手続により選出された者であつて、使用者の意向に基づき選出されたものでないこと。これらの要件を満たさない場合には、有効な協定とはならないことに留意すること。

Q68

ゼネコンの店社（本社、支店等）の業種は、何業でしょうか？

Answer.

基本的に労働基準法別表第一の第３号の「土木、建築その他工作物の建設、改造、保存、修理、変更、破壊、解体又はその準備の事業」に該当します。

多くの書籍等では、この点についてはっきり書いていません。労働者災害補償保険法では「その他の業種」として扱われている場合が多いことから、店社はその他の業種（事務所一般）だとする書籍も一部にあります。

しかし、労働者災害補償保険法の業種区分と、労働基準法及び労働安全衛生法の業種区分は同じではありません。後二者の法令は、総務省発行の日本標準産業分類の考え方（建設業の事業所は店社であり、工事現場は事業所に当たらない）を踏まえつつ、労働災害防止をはじめとする法令の目的を実現するために、一定の要件を満たした工事現場も「事業場」として取り扱うこととしています。

その上で、「建設現場については、現場事務所があって、当該現場において労務管理が一体として行われている場合を除き、直近上位の機構に一括して適用すること」（昭63.9.16基発601号の２、平11.3.31基発168号）としています。この「直近上位の機構」とは、店社のことにほかなりません。この場合、その店社は「その他の業種」になるでしょうか。工事現場もその他の業種なのでしょうか。日本標準産業分類の基本に基づき、店社こそが建設業の事業所となります。

その一方、労働者災害補償保険法は、災害発生の可能性等からみて無理のない範囲で保険率（保険料）の安い業種をなるべく認めようとしているものです。

ところで、ゼネコンの中には支店がある市町村以外の地方自治体の公共工事を受注するため、当該地方自治体に電話と電話番を1、2名置いただけの営業事務所を設置しているところがあります。

この営業事務所は、形式上店社を構えているだけであり、おたずねの店社とは中身が違いますので、「その他の業種」といってよいかもしれませんが、むしろ、事業場として労務管理をしている実態がないので直近上位の機構（支店等の店社）に含まれると考えるのが妥当でしょう。

設計・積算部門を置かない本社事務所も建設業には当たらない可能性があります。自動車メーカーが都市の中心部に本社事務所だけを置いた場合に、その事務所の業種を輸送用機械器具製造業とはいわないのと同じ理屈です。

しかしながら、おたずねの店社は建設工事の請負契約を締結し、そのための積算も行うなど、その業務の中心は、事務所内で行っているとはいえ建設業の本来の業務です。また、安全環境部など、工事現場の安全衛生管理の重要部署も置いているのが普通です。

したがって、一般的にゼネコンの店社の業種は、労働基準法及び労働安全衛生法の業種区分でいう「建設の事業」となります。

この点についての行政通達は、厚生労働省から出ていません。それは、以上に述べた「店社の業種が建設業であること」が当然のことだからです。

なお、この点については、店社安全衛生管理者の選任について定めている労働安全衛生法第15条の3を読むと、この二つの法律の業種に関する考え方が理解できると思われます。

Q69

時間外労働及び休日労働に関する協定届を出していないと、残業をさせることはできないのでしょうか？

Answer.

原則として残業をさせることはできません。

労働時間は、1週40時間以内、1日の労働時間は8時間以内とされており（労働基準法第32条）、週に1日は休日が必要です（同第35条）。

これを超える時間外労働・休日労働は、時間外労働及び休日労働に関する協定届（通称「36協定届」）をあらかじめ所轄労働基準監督署長に届け出ていなければ行わせることができません。また、その協定届の限度で行わせることができるものです。

ただし、例外として非常災害時の場合に限り、あらかじめ所轄労働基準監督署長の許可を受けるか、許可を受ける時間的余裕がない場合には事後報告により、行わせることができます（同法第33条）。台風、地震、津波等により、災害発生の危険性が高い場合などがこれに当たります。土砂崩壊や損壊した幹線道路、鉄道等の復旧工事なども該当するでしょう。災害発生時に行方不明者を捜索するどの場合も該当します。

なお、36協定届を本社又は支店等の店社で出しておけばよいか、現場単位で出しておくべきかは、当該工事現場が事業場としての実態を有しているといえるかどうかによります。この点についてはQ67を参照してください。

非常災害等の理由による　労働時間延長　~~許可申請書~~
　　　　　　　　　　　　休日労働　　　　届

様式第6号（第13条第2項関係）

事業の種類	事業の名称	事業の所在地
土木工事業	大角建設株式会社 都道00号線共同溝築造工事（その39）	東京都大田区雪が谷大塚2-3-4 地先 03(0000)0000

時間延長を必要とする事由	時間延長を行う期間及び延長時間	労働者数
00月00日のゲリラ豪雨により土砂崩壊が発生、生き埋めになった作業員を救助するため	令和0年00月00日～00月00日 1日15時間	9

休日労働を必要とする事由	休日労働を行う年月日	労働者数

令和0年00月00日

使用者　職名　代表取締役
　　　　氏名　大角力三郎　㊞

大田 労働基準監督署長　殿

備考　「許可申請書」と「届」のいずれか不要の文字を削ること。

Q70

深夜労働とは、どのようなものでしょうか？

Answer.

午後 10 時から翌朝 5 時までの労働をいいます。

労働時間の一部がこの時間帯にかかる場合を含みます。ずい道の建設等の作業は、24 時間三交替で行われることが多く、潜函による圧気工法も同様です。また、道路工事や鉄道関連の工事も、夜間作業が多く、深夜業を含む仕事になります。

深夜業は、労働者の肉体的な負担が大きいことから、その時間帯に労働するものを深夜労働といい、２割５分以上の割増賃金の支払いを要します（労働基準法第 37 条）。

また、三交替制の場合のように、１か月に一定の回数以上深夜労働がある場合には、定期健康診断を６か月ごとに実施する必要があります（労働安全衛生法第 66 条、労働安全衛生規則第 45 条）。

満 18 歳未満の労働者は原則として深夜業に従事させることはできません（労働基準法第 61 条）。妊産婦の労働者から「従事しない」旨の申し出があった場合にも、深夜業に就かせることはできません（同法第 66 条第３項）。

Q71
元請から請負代金が入らないので、従業員の賃金が支払えないのはやむを得ないと認められるのでしょうか？

Answer.
認められません。

労働基準法では、賃金支払いの4原則として、「全額払いの原則」、「直接払いの原則」、「毎月1回払いの原則」と「一定期日払いの原則」を定めています（同法第24条）。

労働者を雇用している以上、請負代金等の売上げが入金しないことがあっても、事業主には毎月の賃金を支払う労働基準法上の義務があります。

売上金が入らない等の状況を危険負担といいますが、それは、労働者を雇用する使用者（企業）としての責任範囲となり、そのための金策は使用者（事業主）責任となるからです。

なお、特定建設業の許可を受けている元請には、建設業法により発注者から請け負った建設工事に参加しているすべての下請負人が、その建設工事の施工に関し、同法のほか建設工事に従事する労働者の使用に関する法令（労働基準法等）の規定に違反しないよう指導に努めるべき義務を課しているほか、下請負人がこれらの規定に違反している場合に講ずべき所用の措置について規定しています（建設業法第24条の6）。

所用の措置とは次のものです。

1．下請負人がこれらの法令に違反していると認めたときは、当該建設業を営む者に対し、当該違反している事実を指摘して、その是正を求めるように努めること。

2．1の是正を求めた場合において、当該建設業を営む者が当該違反している事実を是正しないときは、当該建設業を営む者が建設業者であるときはその許可をした国土交通大臣もしくは都道府県知事又は営業としてその建設工事の行われる区域を管轄する都道府県知事に、その他の建設業を営む者であるときはその建設工事の現場を管轄する都道府県知事に、速やかに、その旨を通報すること。

Q72

建設工事の上の会社から請負代金が入金されない場合、どこに相談すればよいのでしょうか？

Answer.

国土交通省（中央建設工事紛争審査会）及び各都道府県（都道府県建設工事紛争審査会）に設置されている建設工事紛争審査会です。

この審査会は、当事者の一方又は双方が建設業者である場合の紛争のうち工事の瑕疵（不具合）、請負代金の未払いなどのような「工事請負契約」の解釈又は実施をめぐる紛争の処理を行います。建設工事の請負契約をめぐる紛争につき、専門家による迅速かつ簡便な解決を図ることを目的として、建設業法に基づき設置されているものです。

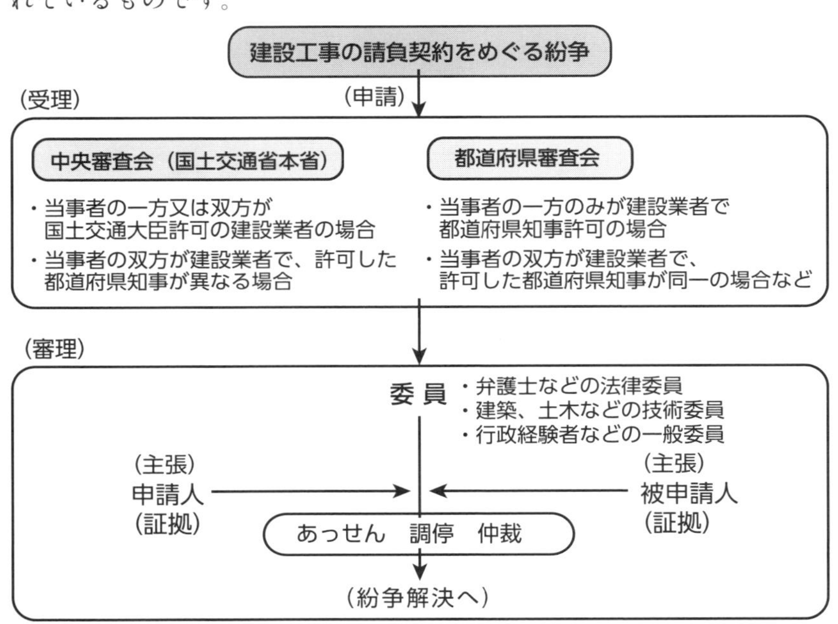

Q73

年次有給休暇とは、どのようなものでしょうか？

Answer.

勤続６か月以上で、出勤率が８割以上の労働者に対し、通常の賃金の支払いが保証された休暇を10日与えなければなりません。これが年次有給休暇です。

勤続年数がその後１年増加するごとにその日数を次の表のように増やす必要があります。ただし上限は20日まででよいこととされています。

勤続年数	付与日数
６か月	10労働日
１年６か月	11労働日
２年６か月	12労働日
３年６か月	14労働日
４年６か月	16労働日
５年６か月	18労働日
６年６か月以上	20労働日

平成31年（2019年）４月１日以降、年次有給休暇のうち５日については使用者（事業主）が時季を指定してとらせるべきこととされました。

その方法としては、例えば夏休みや年末年始の休みの前後に２日と３日に分けて指定するなどが考えられます。元請と相談したり、人員を分けるなどの工夫も必要でしょう。

Q74
サービス残業とは、
どのようなことでしょうか？

Answer.
時間外労働又は休日労働の割増賃金が適正に支払われていないものをいいます。厚生労働省では「賃金不払残業」と呼んでいます。

建設業界では、働いた時間単位で賃金を支払うということが未だ一般化していない嫌いがあります。仕事が遅い人が収入が多いのはおかしいというのはそのとおりですが、そのような人については日当を安く設定するなどの工夫が必要です。

また、出来高払制により、その仕事の実績に応じて賃金を支払うという方法もありますが、その場合であっても、その出来高払い賃金に法定労働時間を超えた労働の分についての割増が必要（労働基準法第37条、労働基準法施行規則第19条）です。

Q75

割増賃金の支払いは、どのようにするのでしょうか？

Answer.

次の表のようになります。

労働の種類	割増賃金
時間外労働	2割5分以上
休日労働	3割5分以上
深夜労働	2割5分以上

ところで、時間外労働と休日労働は、所定の労働時間を超える労働ですから、時間給相当分を追加して支払うこととなりますので、実際にはそれぞれ、125％と135％の支払いとなります。

これに対し深夜労働は、通常の労働が深夜に及んだ場合も、時間外労働や休日労働が深夜に及んだ場合も、時間給相当分は支払われているわけですから、25％部分だけを追加で支払うこととなります。

なお、賃金台帳には、時間外労働時間数、休日労働時間数及び深夜労働時間数も記載しなければならない（労働基準法施行規則第54条第1項）ことに留意しなければなりません。

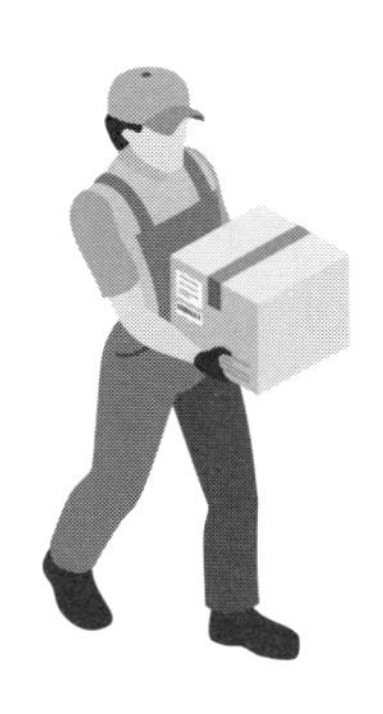

Q76

平成 22 年（2010 年）4月1日施行の
改正労働基準法では、1か月 60 時間を超える時間外労働に
対し、5割以上の割増賃金を支払わなければならないことに
なったそうですが、建設業の場合にはどうなるのでしょうか？

Answer.

**建設工事に従事する労働者にも、この割増賃金に
関する改正は適用があります。
ただし、中小企業には、令和5年（2023 年）
3月 31 日までの間猶予されます。**

労働基準法第 37 条では、割増賃金に関する事項を定め、「労働基準法第 37 条第 1 項の時間外及び休日の割増賃金に係る率の最低限度を定める政令」において、割増率が定められています。

おたずねの改正は、時間外労働の限度を定める告示「労働基準法第 36 条第 1 項の協定で定める労働時間の延長の限度等に関する基準」（平 10 労告 154 号、改正平 21 厚労告 316 号）を超える労働について、25% を超える割増率で支払う労使協定を結ぶように努力義務を課しています。

しかし、この限度基準は、「工作物の建設等の事業」をその対象から除外していますから、建設業には適用がありません。

その結果、1か月 45 時間を超える時間外労働は 60 時間に至るまでは 2 割 5 分以上の割増賃金の支払いでよいのですが、60 時間を超えた部分に関する特別の割増賃金は、建設業であっても適用されます（平 21.10.5 事務連絡「改正労働基準法にかかる質疑応答」）。

なお、中小企業とは、中小企業法にいう中小企業のことであり、建設業の場合、「資本金の額又は出資の総額が 3 億円以下か常時使用する従業員数が 300 人以下」の企業をいいます。

Q77

雨降りは、休日とすることができるのでしょうか？

Answer.

一定の手続をとれば可能です。

屋外労働者の休日について厚生労働省は、「一般に屋外労働者に対しては休日を規定することは非常に困難を伴うが、雨天の日を休日と規定する如きは差支えないか。」との問に対し、「屋外労働者についても休日はなるべく一定日に与え、雨天の場合には休日をその日に変更する旨を規定するよう指導されたい。」（昭23.4.26基発651号、昭33.2.13基発90号）としています。

したがって、就業規則に、休日は原則として日曜日とするが、雨天の場合にはその日を休日として日曜日を労働日とする旨の定めをすればよいこととなります。

就業規則を変更したときは、常時使用する労働者数が10人以上いる場合には、就業規則の変更届を所轄労働基準監督署長に提出しなければなりません。

そのような場合であっても、労働者の生活を考えれば、当日の朝ぎりぎりの時間になってからそのように休日を振り替えるのではなく、天気予報の結果を踏まえて元請との協議により、なるべく早めに決定することが望まれます。

Q78

休日の振替と代休は違うのでしょうか？

Answer.

**あらかじめ代わりの休日が指定されているかどうかです。
それにより、割増賃金の支払いが必要かどうかが異なります。**

	代わりの休日の指定	割増賃金
休日の振替	事前に特定	不要。ただし、出勤した週の労働時間が 40 時間を超えた場合には、その分の割増賃金は必要（時間外労働となるため）。
代休	事後	必要（割増部分だけ）

Q79

台風で現場が休みとなった場合、賃金の保障をしなければならないのでしょうか？

Answer.

賃金の保障をする必要はありません。

地震、津波、台風等の自然災害による休業は、事業主の責任ではないので、労働基準法第26条に定める休業手当の支払いは要しません。

同条では、「使用者の責（せめ）に帰すべき事由による休業の場合においては、使用者は、休業期間中当該労働者に、その平均賃金の100分の60以上の手当を支払わなければならない。」と定めています。

これは、事業主（使用者）の責任で休ませた場合に、労働者の生活を保障する意味で設けられた規定です。その場合でも、罰則のない民法では全額支払わなければならないこととされています。

労働基準法の6割の賃金保障は、その休業の責任が事業主にある場合であり、「使用者が不可抗力を主張し得ないすべての場合」をいうとされています。

おたずねの台風等の天災事変の場合には、使用者の不可抗力というべきであり、基本的には支払いを要しません。

Q80

現場監督イコール管理監督者として、残業代を支払わないのは違法でしょうか？

Answer.

現場の規模と、現場監督（所長）の権限にもよりますが、労働基準法で残業代を払わなくてもよいとしている「監督若しくは管理の地位にある者」（労働基準法第41条第2号）に該当する場合は限られていると考えられます。

監督若しくは管理の地位にある者は、略して管理監督者と呼ばれますが、会社が任命した役職名とは関係なく、その職責等の実態から判断されます。該当しないのに残業代を支払わないと、「名ばかり管理職」となり労働基準法違反になります。

管理監督者の要件は、次のとおりです（昭22.9.13発基17号、昭63.3.14基発150号）。

1．原則
法に規定する労働時間、休憩、休日等の労働条件は、最低基準を定めたものです。そのため、企業が人事管理上あるいは営業政策上の必要等から任命する職制上の役付者であればすべてが管理監督者として例外的取扱いが認められるものではありません。

2．適用除外の趣旨
これらの職制上の役付者のうち、労働時間、休憩、休日等に関する規制の枠を超えて活動することが要請されざるを得ない、重要な職務と責任を有し、現実の勤務態様も、労働時間等の規制になじまないような立場にある者に限って管理監督者として適用の除外が認められます。したがって、その範囲は限定されます。

3．実態に基づく判断

一般に、企業においては、職務の内容と権限等に応じた地位（以下「職位」といいます。）と、経験、能力等に基づく格付（以下「資格」といいます。）とによって人事管理が行われている場合がありますが、管理監督者の範囲を決めるに当たっては、このような資格及び職位の名称にとらわれることなく、職務内容、責任と権限、勤務態様に着目して判断されます。

4．待遇に対する留意

管理監督者であるかどうかの判定に当たっては、上記のほか、賃金等の待遇面についても無視できないものです。この場合、定期給与である基本給、役付手当等において、その地位にふさわしい待遇がなされているかどうか、ボーナス等の一時金の支給率、その算定基礎賃金等についても役付者以外の一般労働者に比べて優遇措置が講じられているか否か等について留意することとされています。なお、一般労働者に比べて優遇措置が講じられているからといって、職務内容等に関する実態のない役付者が管理監督者に含まれるものではありません。企業によっては、現場所長を任命する時に合わせて管理監督者としての発令もして、一定の人事権限等を付与しているところもあります。

5．スタッフ職の取扱い

近年、労働基準法制定当時には、あまり見られなかったいわゆるスタッフ職が、本社の企画、調査等の部門に多く配置されています。これらスタッフの企業内における処遇の程度によっては、管理監督者と同様に取扱い、法の規制外においても、これらの者の地位からして特に労働者の保護に欠けるおそれがないと考えられます。また、労働基準法が監督者のほかに、管理者も含めていることに着目すれば、一定の範囲の者については、管理監督者に該当する者として取扱うことが妥当であると考えられます。

Q81

建設業退職金共済制度（建退共）とは、どのような制度でしょうか？

Answer.

独立行政法人勤労者退職金共済機構が運営する退職金制度です。

中小企業では、人材定着のため退職金制度を設けようとしても、その資金運営等が困難です。

そこで、国が制度を設立し、現在は独立行政法人が運営する制度として建設業退職金共済制度が設けられました。

建退共制度は、建設業の事業主が機構と退職金共済契約を結んで共済契約者となり、建設現場で働く労働者を被共済者として、その労働者に当機構が交付する共済手帳に労働者が働いた日数に応じ共済証紙を貼り、その労働者が建設業界の中で働くことをやめたときに、当機構が直接労働者に退職金を支払うというものです。

出稼労働者など通年雇用でない労働者については、機構が交付した共済手帳に建設現場で就労した日数に応じて共済印紙を貼り、その労働者が建設業界で働くことを止めたときに、機構から直接労働者に退職金が支払われます。

つまり、労働者が就労企業を変わっても、次の企業が建退共に加入していれば、引き続き掛金を納付し続けることができ、退職金制度としては同一企業に継続勤務しているのと同じ扱いとなり、労働者にとっての給付額も増加していきます。

会社としては、掛金を支払っている限り積立不足の問題は生じませんし、掛金は税法上の損金（必要経費）として計上できます。

これにより、建設業に従事する労働者の生涯収入の向上に寄与しますので、他の産業に劣らない収入を得ることになりましょう。

第6章

健康管理

概要

建設工事現場は、一般的に冬は寒く夏は暑い、厳しい作業環境です。このところ暑い夏が続いており、熱中症患者は建設業が最も多い状況です。

また、脳・心臓疾患についても、喫煙者が他業種に比べて多いせいか、建設業は多いといえます。場合によっては、工期に間に合わせるために残業続きとなることもあり、健康管理は重要です。

雇入れ時の健康診断、毎年の定期健康診断の実施はもちろん、受診後の事後措置が大切です。

本章では、以上の内容を説明しています。

Q82

労働者を雇い入れるときには、必ず健康診断をしなければならないのでしょうか？

Answer.

常時使用する労働者については、健康診断を実施しなければなりません。

日雇い労働者等短い期間の定めのある労働契約の場合には、雇入れ時の健康診断をしなくてかまいません。

常時使用する労働者については、正社員、パート、アルバイト等の雇用形態に関係なく雇入れの際に健康診断を実施し、その後１年以内ごとに１回定期健康診断を実施することとなります。深夜業等一定の業務に従事する労働者（特定業務従事者）に対しては、６か月ごとに実施する必要があります。

そのことから考えると、有期労働契約の場合であっても更新が予定されているなど、６か月を超えて使用する予定であるならば、健康診断を受診させる必要があると考えられます。

健康診断を実施することで使用者(事業主)は労働者の健康状態がわかり、通院や服薬など配慮すべき事項を掴むことができます。熱中症にかかりやすいとか脳心臓疾患(過労死等)を発症しやすいといったこともわかります。

Q83

何のために健康診断を実施するのでしょうか？

Answer.

労働者の健康状態を正確に把握し、無理のない就労をさせるためです。

「自分の体のことは自分が一番よく知っている」などといいますが、病院での検査の数字を見なければ、正確なことはわかりません。

近年、高血圧、高血糖値、高コレステロール値や肥満といった所見が年齢を問わず認められることから、昔は成人病といったこれらの所見を、今日では生活習慣病とよんでいます。

これらの所見を有する人は、熱中症を発症しやすく、長時間労働により脳血管疾患や虚血性心疾患を発症しやすいことが認められています。

また、難聴の所見がある人を騒音職場で働かせることは問題があり、じん肺の所見を有する労働者を粉じん作業につかせることは好ましくありません。近ごろでは、携帯音楽プレーヤーなどにより難聴気味の若者もいますので、現場での作業でそうなったのか、以前からそうであったのかを確認する意味で、まず雇入れ時に健康診断を実施しておく必要があります。

このところ、使用者の安全配慮義務が問題となっています。例えば、糖尿病の方が残業続きで通院できず、その結果服薬が中断して倒れるなどした場合、会社側が安全配慮義務違反に問われて高額の損害賠償を負担すべきこととなりましょう。

労働者の健康状態に応じて配慮すべき事項があるのであれば、それにふさわしい対応をする義務が、会社側にあるということです。これを把握するためには、法定の健康診断は欠かせません。

Q84

健康診断の結果、異常が認められた場合、雇入れを拒否してよいのでしょうか？

Answer.

異常の内容にもよりますが、それだけで雇入れを拒否することは困難と思われます。

実際に就労させる業務、他の業務へつかせる可能性の有無その他の事項を勘案する必要がありましょう。

また、異常の内容によっては治療を受けているかどうか、服薬をしているかどうか、服用している薬剤の副作用は作業に支障がないかどうか、個別に可能な限り把握に努めたいものです。

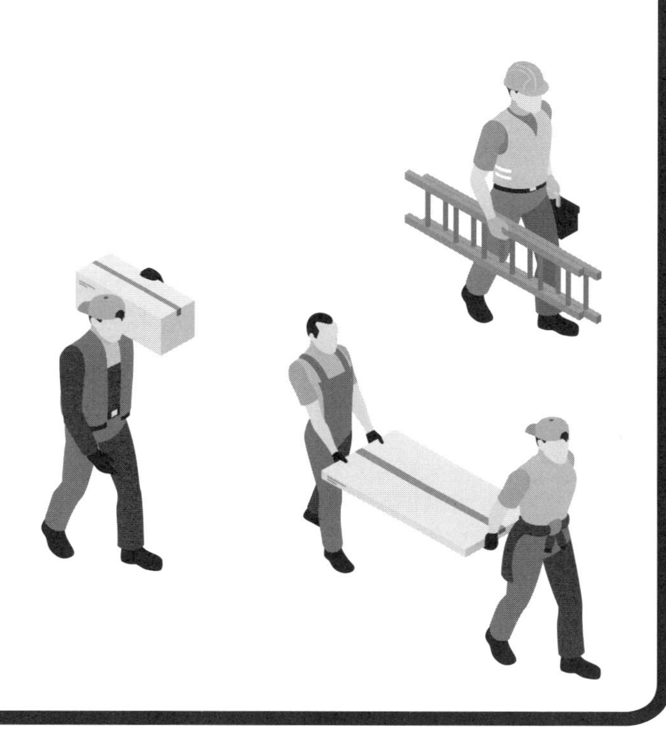

Q85
雇入れ時の健康診断の費用は、だれが負担するのでしょうか？

Answer.

事業者、すなわち雇い入れる会社又は事業主である個人です。

雇入れ時の健康診断は、労働安全衛生法第66条により事業者（会社又は個人）の責任で行わなければならないとされています。

厚生労働省の見解としては、同条の規定により実施される健康診断の費用については、「法で事業者に健康診断の実施の義務を課している以上、当然、事業者が負担すべきものであること。」（昭47.9.18基発602号）としています。

また、受診時の賃金については、

1. **健康診断の受診に要した時間についての賃金の支払いについては、労働者一般に対して行なわれるいわゆる一般健康診断は、一般的な健康の確保をはかることを目的として事業者にその実施義務を課したものであり、業務遂行との関連において行なわれるものではないので、その受診のために要した時間については、当然には事業者の負担すべきものではなく、労使協議して定めるべきものであるが、労働者の健康の確保は、事業の円滑な運営の不可決な条件であることを考えると、その受診に要した時間の賃金を事業者が支払うことが望ましい。**

2. **特定の有害な業務に従事する労働者について行なわれる健康診断、いわゆる特殊健康診断は、事業の遂行にからんで当然実施されなければならない性格のものであり、それは所定労働時間内に行なわれるのを原則とすること。また、特殊健康診断の実施に要する時間は労働時間と解されるので当該健康診断が時間外に行なわれた場合には、当然割増賃金を支払わなければならないものである。**

としています（同通達）。

Q86
日雇労働者を雇い入れるときの注意事項としては、どのようなことがあるのでしょうか？

Answer.
労働条件の明示と、健康状態の確認です。

日雇労働者は、1日限りの就労であるため、労働条件が口約束となりがちです。そのため、後でトラブルになることがままあります。簡単なものでよいので、文書で明示する必要があります。また、日雇雇用保険に加入している労働者には、賃金支払時に日雇労働者手帳に印紙を貼り、消印する必要があります。

次に、雇入れ時の健康診断を行わないため、時として健康を害していて、熱中症にかかりやすかったり、ふらついて墜落災害に遭うこともあります。顔色を見るほか、いくつかの質問等により健康状態を把握するようにしてください。現場などに備え付けている血圧計も活用しましょう。

暑い日には、土木作業員といえどもアルコールチェックにより熱中症での死亡災害を防ぐことができます。朝アルコールが検出されたということは、その時点ですでに脱水症状を起こしている可能性が高いからです。

Q87

健康診断を実施した結果、どのようなことをしなければならないのでしょうか？

Answer.

健康診断の結果は本人に通知し、労働安全衛生法で定められたことを指導します。

健康診断の結果に基づいて、やらなければならないことが労働安全衛生法で定められています。

1. 健康診断の結果の記録（労働安全衛生法第 66 条の 3）
2. 健康診断の結果についての医師等からの意見聴取（同法第 66 条の 4）
3. 健康診断実施後の措置（同法第 66 条の 5）
4. 健康診断結果の本人への通知（同法第 66 条の 6）
5. 医師又は保健師による保健指導等（同法第 66 条の 7）
6. 医師による面接指導等（同法第 66 条の 8）

健康診断は、実施しただけで終わってはなりません。精密検査を要する場合には、その受診を促す必要があります。

また、結果を本人に通知することにより、生活習慣の改善を求め、場合によっては治療を受けさせる必要があります。

近年、安全配慮義務違反に関する訴訟が増加していますが、会社側が労働者の健康状態を知っていながら何らの措置もしていなかった場合、そのことを会社側の落ち度として損害賠償請求を受けることがあります。

Q88

熱中症とは、どのようなことでしょうか？

Answer.

熱中症とは、高温の環境下で体温調節や循環機能などの働きに障害が起こる病気で、症状などにより次のように分類されます。

症状が重い場合には、死に至ることがあります。平成22年（2010年）は、特に暑い夏でしたが、業務上災害で死亡した方のうち熱中症を原因とするものが全国で47名に上りました。それまでは20名前後、多い年で28名（平成30年、2018年）でしたから、その多さがわかると思います。

業種別では、建設業がおおむね毎年ワースト1位です。

熱中症の症状と分類

分類	症状	重症度
Ⅰ度	めまい・失神 「立ちくらみ」という状態で、脳への血流が瞬間的に不十分になったことを示し、“熱失神”と呼ぶこともある。 筋肉痛・筋肉の硬直 筋肉の「こむら返り」のことで、その部分の痛みを伴う。発汗に伴う塩分（ナトリウム等）の欠乏により生じる。これを“熱痙攣”と呼ぶこともある。 大量の発汗	小
Ⅱ度	頭痛・気分の不快・吐き気・嘔吐・倦怠感・虚脱感 体がぐったりする、力が入らないなどがあり、従来から“熱疲労”といわれていた状態である。	↕
Ⅲ度	意識障害・痙攣・手足の運動障害 呼びかけや刺激への反応がおかしい、体がガクガクと引きつけがある、真直ぐに走れない・歩けないなど。 高体温 体に触ると熱いという感触がある。従来から“熱射病”や“重度の日射病”と言われていたものがこれに相当する。	大

Q89

熱中症予防のポイントは、
どのようなことでしょうか？

Answer.

熱中症を防ぐために WBGT 値（暑さ指数）を活用して下記のとおり作業環境管理、作業管理、健康管理等を実施することが必要です。

WBGT 値とは、温度、湿度とふく射熱を勘案した指数です。現在は、ハンドマイクぐらいの大きさの測定器によりワンタッチで測ることができます。屋内と屋外では別に測定します。

予防対策の具体的内容は次のとおりです。

作業環境管理

○WBGT 値の低減等

次に掲げる措置を講ずることなどにより、当該作業場所の WBGT 値の低減に努めなければなりません。

1.WBGT 基準値を超え、又は超えるおそれのある作業場所（以下単に「高温多湿作業場所」という。）においては、発熱体と労働者の間に熱を遮ることのできる遮へい物等を設けること。

2.屋外の高温多湿作業場所においては、直射日光並びに周囲の壁面及び地面からの照り返しを遮ることができる簡易な屋根等を設けること。（日陰を設けること。）

3.高温多湿作業場所に適度な通風又は冷房を行うための設備を設けること。また、屋内の高温多湿作業場所における当該設備は、除湿機能があることが望ましいこと。

なお、通風が悪い高温多湿作業場所での散水については、散水後の湿度の上昇に注意すること。(陽射しがある場所は効果がありません。)

○休憩場所の整備等

労働者の休憩場所の整備等について、次に掲げる措置を講ずるよう努めなければなりません。

1. 高温多湿作業場所の近隣に冷房を備えた休憩場所又は日陰等の涼しい休憩場所を設けること。また、当該休憩場所は臥床すること(横になること)のできる広さを確保すること。

2. 高温多湿作業場所又はその近隣に氷、冷たいおしぼり、水風呂、シャワー等の身体を適度に冷やすことのできる物品及び設備を設けること。

3. 水分及び塩分の補給を定期的かつ容易に行うことができるよう高温多湿作業場所に飲料水の備付け等を行うこと。

作業管理

○作業時間の短縮等

作業の休止時間及び休憩時間を確保し、高温多湿作業場所の作業を連続して行う時間を短縮すること、身体作業強度(代謝率レベル)が高い作業を避けること、作業場所を変更することなどの熱中症予防対策を、作業の状況等に応じて実施するよう努めなければなりません。

○熱への順化

高温多湿作業場所において労働者を作業に従事させる場合には、熱への順化(熱に慣れ当該環境に適応すること)の有無が、熱中症の発生リスクに大きく影響することを踏まえて、計画的に、熱への順化期間を設けることが望ましいとされています。とくに、梅雨から夏季になる時期において、気温等が急に上昇した高温多湿作業場所で作業を行う場合、新たに当該作業を行う場合、また、長期間、当該作業場所での作業から離れ、その後再び当該作業を行う場合等においては、通常、労働者は熱に順化していないことに留意が必要です。

○水分及び塩分の摂取

自覚症状以上に脱水状態が進行していることがあること等に留意の上、自覚症状の有無にかかわらず、水分及び塩分の作業前後の摂取及び作業中の定期的な摂取を指導するとともに、労働者の水分及び塩分の摂取を確認するための表の作成、作業中の巡視における確認などにより、定期的な水分及び塩分の摂取の徹底を図らなければなりません。とくに、加齢や疾患によって脱水状態であっても自覚症状に乏しい場合があることに留意してください。（飲んで吸収されるまでに1時間以上かかります。）

前日深酒をしていると、朝起きた時点で脱水症状を起こしていますから、健康状態を確認し、作業にかかる前に水分と塩分を補給させなければなりません。体調によっては、午前中作業をさせないことも必要です。

なお、塩分等の摂取が制限される疾患を有する労働者については、主治医、産業医等に相談させなければなりません。

○服装等

熱を吸収し、又は保熱しやすい服装は避け、透湿性及び通気性の良い服装を着用させます。また、これらの機能を持つ身体を冷却する服の着用も望ましいとされています。

なお、直射日光下では通気性の良い帽子等を着用させてください。後頭部を覆う布や水を含ませて首に巻く物などもあります。

○作業中の巡視

定期的な水分及び塩分の摂取にかかる確認を行うとともに、労働者の健康状態を確認し、熱中症を疑わせる兆候が表れた場合において速やかに作業の中断その他必要な措置を講ずること等を目的に、高温多湿作業場所の作業中は巡視を頻繁に行わなければなりません。

健康管理

○健康診断結果に基づく対応等

労働安全衛生規則第43条、第44条及び第45条に基づく健康診断の項目には、糖尿病、高血圧症、心疾患、腎不全等の熱中症の発症に影響を与えるおそれのある疾患と密接に関係した血糖検査、尿検査、血圧の測定、既往歴の調査等が含まれていること及び労働安全衛生法第66条の4及び第66条の5に基づき、異常所見があると診断された場合には医師等の意見を聴き、当該意見を勘案して、必要があると認めるときは、事業者は、就業場所の変更、作業の転換等の適切な措置を講ずることが義務づけられていることに留意の上、これらの徹底を図らなければなりません。服薬の確認も必要です。

また、熱中症の発症に影響を与えるおそれのある疾患の治療中等の労働者については、事業者は、高温多湿作業場所における作業の可否、当該作業を行う場合の留意事項等について産業医、主治医等の意見を勘案して、必要に応じて、就業場所の変更、作業の転換等の適切な措置を講ずることとされています。

○日常の健康管理等

高温多湿作業場所で作業を行う労働者については、睡眠不足、体調不良、前日等の飲酒、朝食の未摂取等が熱中症の発症に影響を与えるおそれがあることに留意の上、日常の健康管理について指導を行うとともに、必要に応じ健康相談を行わなければなりません。これを含め、労働安全衛生法第69条に基づき健康の保持増進のための措置に取り組むよう努めなければなりません。(二日酔いは脱水症状を起こしやすい。)

さらに、熱中症の発症に影響を与えるおそれのある疾患の治療中等である場合は、熱中症を予防するための対応が必要であることを労働者に対して教示するとともに、労働者が主治医等から熱中症を予防するための対応が必要とされた場合又は労働者が熱中症を予防するための対応が必要となる可能性があると判断した場合は、事業者に申し出るよう指導しなければなりません。

○労働者の健康状態の確認

作業開始前に労働者の健康状態を確認しなければなりません。

作業中は巡視を頻繁に行い、声をかけるなどして労働者の健康状態を確認しなければなりません。

また、複数の労働者による作業においては、労働者にお互いの健康状態について留意させなければなりません。

○身体の状況の確認

休憩場所等に体温計、体重計等を備え、必要に応じて、体温、体重その他の身体の状況を確認できるようにすることが望ましいとされています。

労働衛生教育

労働者を高温多湿作業場所において作業に従事させる場合には、適切な作業管理、労働者自身による健康管理等が重要であることから、作業を管理する者及び労働者に対して、あらかじめ次の事項について労働衛生教育を行わなければなりません。

1. 熱中症の症状

2.熱中症の予防方法

3.緊急時の救急処置

4.熱中症の事例

なお、2の事項には、前出1から3までの熱中症予防対策が含まれます。

救急処置

○緊急連絡網の作成及び周知

労働者を高温多湿作業場所において作業に従事させる場合には、労働者の熱中症の発症に備え、あらかじめ、病院、診療所等の所在地及び連絡先を把握するとともに、緊急連絡網を作成し、関係者に周知しておかなければなりません。

○救急措置

熱中症を疑わせる症状が現れた場合は、救急処置として涼しい場所で身体を冷し、水分及び塩分の摂取等を行います。このとき、自力で飲めないときは無理に飲ませてはいけません。また、必要に応じ、救急隊を要請し、又は医師の診察を受けさせなければなりません。

その他

建設現場の作業員の中には、毎晩のように飲酒している者もいます。そのような方は、晩酌をおいしくしようと、午後の水分補給をあえてしないようにしている者もいますので、注意が必要です。水分と塩分の補給は、定期的に、本人任せにしないで実行しなければなりません。

Q90

過重労働による健康障害とは、どのようなことでしょうか？

Answer.

時間外労働や休日労働が続くことなどにより、脳血管疾患や虚血性心疾患を発症することです。

労災

保険給付の対象となるのは、次の疾病です。

疾患	対象となる疾病
1．脳血管疾患	(1) 脳内出血（脳出血） (2) くも膜下出血 (3) 脳梗塞 (4) 高血圧性脳症
2．虚血性心疾患	(1) 心筋梗塞 (2) 狭心症 (3) 心停止（心臓性突然死を含む。） (4) 解離性大動脈瘤

労災保険では、発症した直近1か月から6か月を見て、次のいずれかに該当する場合には、業務上の疾病（仕事が原因の病気）として給付の対象とすることとされています（平13.12.12基発1063号）。

また、精神障害の原因にもなるとされています。

発症前の期間	時間外労働等の状況
発症前1か月間	おおむね100時間
発症前2か月間ないし6か月間	1か月当たりおおむね80時間を超える時間外労働

ところで、発症前1か月間ないし6か月間にわたって、1か月当たりおおむね45時間を超える時間外労働が認められない場合は、業務と発症との関連性が弱いが、おおむね45時間を超えて時間外労働時間が長くなるほど、業務と発症との関連性が徐々に強まると評価できるとされています。

45時間を超えて80時間までの場合には、「異常な出来事」、「短期間の過重業務」及び「長期間の過重業務」といった過重負荷がどの程度あったかにより労災保険給付の可否が判断されます。

Q91

現場監督の過労死は、
労災保険で認められるのでしょうか？

Answer.

脳血管疾患や虚血性心疾患を発症した場合であって、労災保険給付の対象となる状況が認められれば、業務上とされ、労災保険給付が認められます。

労災保険の認定基準についてはQ90を参照してください。実際の認定例としては、次のようなものがあります。

1. 現場近隣からの苦情対策等で心理的な負荷が大きかった上に、残業時間が多くて発症した場合

2. マンションの激戦区での工事で、工事中に発注者が設計変更を頻繁にするため、現場事務所に泊まり込んで図面を引き直すなどの仕事が続いていて発症した場合

Q92

現場で倒れても労災にならない場合があると聞きましたが、どのような場合でしょうか？

Answer.

脳血管疾患や虚血性心疾患が典型です。

脳・心臓疾患が発症するのは、加齢による血管の老化によるものがあります。喫煙者は動脈硬化により、特に血管の痛みが激しいとされています。

発症前の期間を1か月から6か月調べ、時間外労働の状況や、仕事の過重負荷の状況を勘案して、労災になるかどうかの決定がされます。

発症前1か月間ないし6か月間にわたって、1か月当たりおおむね45時間を超える時間外労働が認められない場合は、業務と発症との関連性が弱いとされ、労災が認められない可能性が高いものです。

このように、労災になるかならないかは、疾病の場合には倒れた場所は関係ないということです。したがって、自宅で倒れて亡くなっても、労災が認められる場合もあります。

また、私用中の場合の被災は勤務時間中でも労災になりません。

Q93
精神障害の労災認定基準は、
どのようになっているのでしょうか？

Answer.

平成 23 年（2011 年）に改正された「精神障害の労災認定基準」により、次のとおり要件が定められています。

認定基準の骨子

○認定基準の対象となる精神障害を発病していること

これは、ICD-10（国際疾病分類第 10 回修正版）に示されている「精神および行動の障害」のうち、うつ病、気分（感情）障害、急性ストレス反応、神経症性障害、ストレス関連障害および身体表現性障害です。医師の診断に基づいて労働基準監督署にご相談ください。

○認定基準の対象となる精神障害の発病前おおむね 6 か月の間に、業務による強い心理的負荷が認められること

「業務による強い心理的負荷が認められる」とは、業務による具体的な出来事があり、その出来事とその後の状況が、労働者に強い心理的負荷を与えたことをいいます。

心理的負荷の強度は、精神障害を発病した労働者がその出来事とその後の状況を主観的にどう受け止めたかではなく、同種の労働者が一般的にどう受け止めるかという観点から評価します。ここでいう「同種の労働者」とは職種、職場における立場や職という観点から評価します。「同種の労働者」とは職種、職場における立場や職責、年齢、経験などが類似する人をいいます。

○業務以外の心理的負荷や個体側要因により発病したとは認められないこと

長時間労働と精神障害

長時間労働については、次のように評価されるとされています。

○「特別な出来事」としての「極度の長時間労働」

発病直前の極めて長い労働時間を評価します。発病要因として「強」に評価されるのは、次のような場合です。

1. 発病直前の1か月におおむね160時間以上の時間外労働を行った場合

2. 発病直前の3週間におおむね120時間以上の時間外労働を行った場合

○「出来事」としての長時間労働

発病前の1か月から3か月間の長時間労働を出来事として評価します。 発病要因として「強」に評価されるのは、次のような場合です。

1. 発病直前の2か月間連続して1月当たりおおむね120時間以上の時間外労働を行った場合

2. 発病直前の3か月間連続して1月当たりおおむね100時間以上の時間外労働を行った場合

○他の出来事と関連した長時間労働

出来事が発生した前や後に恒常的な長時間労働（月100時間程度の時間外労働）があった場合、心理的負荷の強度を修正する要素として評価します。発病要因として「強」に評価されるのは、次のような場合です。

1. 転勤して新たな業務に従事し、その後月100時間程度の時間外労働を行った場合

これらの時間外労働は、週40時間労働を基準として計算します。また、上記の時間外労働時間数は目安であり、この基準に至らない場合であっても、心理的負荷を「強」と判断して労災認定されることがあります。

Q94

建設工事現場では、どのような特殊健康診断をしなければならないのでしょうか？

Answer.

法令で定められているものと、行政指導通達に基づくものがあります。

1．法令で定められているもの
（労働安全衛生法第 66 条第 2 項、労働安全衛生法施行令第 22 条）

①有機溶剤健康診断（塗料、接着剤等）

②特定化学物質健康診断（塗料、接着剤、防水剤等）

③石綿健康診断（石綿除去工事、封じ込め工事等、解体工事等）

④高気圧業務健康診断（潜水業務、高圧室内業務（圧気工法））

⑤じん肺健康診断（粉じん作業）

⑥除染等電離放射線健康診断（除染等業務）

2．行政指導通達に基づくもの（平 21.7.10 基発 0710 第 5 号ほか）

①チェーンソーを取り扱う業務に係る振動障害の健康診断

②チェーンソー以外の振動工具を取り扱う業務に係る振動障害の健康診断（エンジンカッター、刈払機、タイタンパー、さく岩機等）

③騒音作業
（平 4.10.1 基発 546 号「騒音障害防止のためのガイドライン」）

Q95

除染等業務従事者に対する健康管理は、どのようにすべきなのでしょうか？

Answer.

作業場所の平均空間線量が１時間当たり2.5μSv（マイクロシーベルト）を超えるか超えないかで扱いが変わります。

超える場合には、６か月以内ごとに除染等電離放射線健康診断を実施し、次の項目について検査します。また、一般の定期健康診断も６か月以内ごとに実施します（除染電離則第20条）。

1. 被ばく歴の有無（被ばく歴を有する者については、作業の場所、内容及び期間、放射線障害の有無、自覚症状の有無その他放射線による被ばくに関する事項）の調査及びその評価
2. 白血球数及び白血球百分率の検査
3. 赤血球数の検査及び血色素量又はヘマトクリット値の検査
4. 白内障に関する眼の検査
5. 皮膚の検査

平均空間線量が前述の値を超えない場合には、一般の定期健康診断を１年以内ごとに１回実施すればよいものです。

除染等電離放射線健康診断については、「除染等電離放射線健康診断個人票」（様式第２号）を作成し、30年間保存しなければなりません。ただし、５年間保存した後に当該記録を、又は当該除染等業務従事者が離職した後に当該除染等業務従事者にかかる記録を、厚生労働大臣が指定する機関に提出することができます（同規則第21条）。

一般定期健康診断の記録は、５年間保存しなければなりません（労働安全衛生規則第51条）。

次に、健康診断結果を労働者本人に通知します（除染電離則第23条、労働安全衛生規則第51条の4）。

そして、除染等電離放射線健康診断（定期のものに限る。）を行ったときは、遅滞なく、除染等電離放射線健康診断結果報告書（様式第3号）を所轄労働基準監督署長に提出しなければなりません（除染電離則第24条）。

除染等電離放射線健康診断の結果、放射線による障害が生じており、若しくはその疑いがあり、又は放射線による障害が生ずるおそれがあると認められる者については、その障害、疑い又はおそれがなくなるまで、就業する場所又は業務の転換、被ばく時間の短縮、作業方法の変更等健康の保持に必要な措置を講じなければなりません（同規則第25条）。

被ばく線量については、除染等業務等に従事する労働者の被ばく線量等を一元管理する制度が平成26年（2014年）4月1日から運用されており、元方事業者が協力会社の労働者の分を一括して引き渡すこととされています（平25.12.26基発1226第17号「除染等業務従事者等被ばく線量登録管理制度について」）。

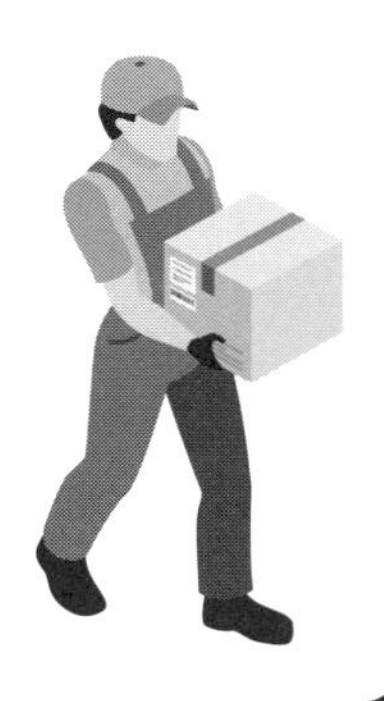

コラム 10

作業員が現場で倒れて亡くなるも、その現場は全工期無災害に

ある大手ゼネコンが施工する地上 30 メートルのビル工事現場で、労働者が意識を失い、病院に搬送されて死亡しました。

連絡を受けて現場に行くと、鉄骨の棟上げが終了した直後でした。最上部の鉄骨につり足場をかけている途中でとび職が意識を失ったのです。30 メートルの高さといえば、普通なら 9 階建てのビルです。緊急時なのでクレーンでおろしたとのことでした。墜落しなかったのは、運がよかったのかもしれません。私も親綱に安全帯をかけて現場に足を運びました。

亡くなった労働者は、二次下請の労働者でしたが、一次下請の業者がしっかりした会社で、きちんと健康診断を実施していました。個人票を見ると、直近の健康診断では高血圧の治療中、その前は要治療、その前は要精密検査と、段々悪化しているのがわかりました。死因は脳溢血でした。

倒れた直近の残業等の状況を確認したところ、おおむね月 35 時間程度で続いていました。そのため、脳・心臓疾患の労災認定基準でいう過重な勤務状況とはいえないと判断され、労働基準監督署としては労災事故には当たらないと結論づけました。

結局その現場は、その後特に労災事故はなく、全工期無災害表彰を受けました。健康診断をきちんと実施し、過重な残業等が行われていなかったからでした。

コラム 11

「暑かったですねぇ」じゃない7月のある暑い日

ある大きな開発工事現場でのことでした。3工区に分かれ、それぞれ大手ゼネコンが施工していました。合同パトロールに労働基準監督署から私が行きました。7月下旬の梅雨明け間もない暑い日でした。

中央の工区と、端の工区はまだ建物は全くなく、コンクリートの平面が続いている状況でした。日陰はまったくありませんでした。

しばらくして、汗びっしょりで現場事務所に戻りました。「暑かったですねぇ、今冷たいものを入れますから」と、ビルの工事をしている幹事会社の安全課長が言いました。

私は、「暑かったですねぇ、じゃないでしょう」と少し強い口調で言いました。「我々は今はこうして事務所の冷房の効いたところにいるけれど、彼らはまったく日陰のない場所で今も汗びっしょりで働いている。冷たいものの前に、早く日陰を作りなさい」と。

まだ労働省（当時）が熱中症対策を打ち出す前のことでした。

第7章

書類の整備等

概 要

労働者を雇っている雇用主は、使用者や事業者とも呼ばれますが、法令上種々の書類を作成し、一定期間保存しておく義務が課されています。

本章では、主として労働基準法と労働安全衛生法に基づくものを説明します。

Q96
元請に提出する書類とは別に
下請が作成しておく必要がある書類には、
どのようなものがあるのでしょうか？

Answer.

次のような書類です。

---

1. 労働者名簿（労働基準法第 107 条）
2. 賃金台帳（同法第 108 条）
3. 労働時間記録（出勤簿等）（同法第 109 条）
4. 就業規則（届出の控）（同法第 89 条、第 109 条）
5. 寄宿舎設置届（控）（同法第 96 条の 2、第 109 条）
6. 寄宿舎規則（届出の控）（同法第 95 条、第 109 条）
7. 雇入れ時の健康診断個人票
（労働安全衛生法第 100 条、労働安全衛生規則第 51 条）
8. 定期健康診断個人票（同上）

　これらは労働基準監督署の立入調査があったとき、ほぼ必ず見られる書類です。

Q97

書類の保存は、何年間しておく必要があるのでしょうか？

Answer.

労働基準法も労働安全衛生法も、書類の保存は原則３年間です。健康診断関係は５年間、電離放射線関係（除染等業務と特定線量下業務を含む。）は 30 年間、石綿関係は 40 年間です。

保存は書類でなくパソコン等における電子データでもかまいません。また、30 年、40 年という長期だと中小企業では難しいということがあります。

その場合、電離放射線関係の書類については、５年経過後には公益財団法人放射線影響協会に保管委託をすることができます。また、石綿関係の書類については、事業を廃止しようとするときは、石綿関係記録等報告書（様式第６号）に次の記録及び石綿健康診断個人票又はこれらの写しを添えて、所轄労働基準監督署長に提出することができます。

1. 石綿則第 35 条の作業の記録
2. 同則第 36 条第２項の測定の記録（作業環境測定の記録）
3. 同則第 41 条の石綿健康診断個人票

様式第十九号（第五十三条関係）

労働者名簿

氏名	高石好男
性別	
生年月日	昭和00年00月00日
従事する業務の種類	型枠大工
住所	東京都大田区糀谷0-0-8 山茶花荘201
雇入れ年月日	平成00年00月00日
退職又は死亡　年月日	
退職又は死亡　事由（退職の事由が解雇の場合にあつては、その理由を含む。）	
履歴	

様式第20号（第55条）

賃金台帳
（常時使用される労働者に対するもの）

氏名	性別	所属	職名
高石好男	男	本社	型枠大工

区分								
賃金計算期間	令和0年 4/1~4/30 分	5/1 ~ 5/31 分	分	分	分	分	分	分
労働日数	23 日	22 日	日	日	日	日	日	日
労働時間数	240 時間	239 時間	時間	時間	時間	時間	時間	時間
休日労働時間数	21 時間	23 時間	時間	時間	時間	時間	時間	時間
早出残業時間数	43 時間	46 時間	時間	時間	時間	時間	時間	時間
深夜労働時間数	0 時間	0 時間	時間	時間	時間	時間	時間	時間
基本賃金	000,000 円	000,000 円	円	円	円	円	円	円
所定時間外割増賃金	000,000 円	000,000 円	円	円	円	円	円	円
手当　皆勤 手当	5,000 円	5,000 円	円	円	円	円	円	円
手当　通勤 手当	0,000 円	0,000 円	円	円	円	円	円	円
手当　手当	円	円	円	円	円	円	円	円
手当　手当	円	円	円	円	円	円	円	円
手当	円	円	円	円	円	円	円	円
手当	円	円	円	円	円	円	円	円
小計	0 円	0 円	0 円	0 円	0 円	0 円	0 円	0 円
非課税分賃金額	円	円	円	円	円	円	円	円
臨時の給与	円	円	円	円	円	円	円	円
賞与	円	円	円	円	円	円	円	円
合計	0 円	0 円	0 円	0 円	0 円	0 円	0 円	0 円
社会保険料控除　健康保険	00,000 円	00,000 円	円	円	円	円	円	円
社会保険料控除　厚生年金・保険	00,000 円	00,000 円	円	円	円	円	円	円
社会保険料控除　雇用保険	00,000 円	00,000 円	円	円	円	円	円	円
社会保険料控除　小計	0 円	0 円	0 円	0 円	0 円	0 円	0 円	0 円
差引残	0 円	0 円	0 円	0 円	0 円	0 円	0 円	0 円
控除金　所得税	00,000 円	00,000 円	円	円	円	円	円	円
控除金　市町村民税	00,000 円	00,000 円	円	円	円	円	円	円
控除金	円	円	円	円	円	円	円	円
控除金　小計	0 円	0 円	0 円	0 円	0 円	0 円	0 円	0 円
実物給与	0 円	0 円	円	円	円	円	円	円
差引支払金	0 円	0 円	0 円	0 円	0 円	0 円	0 円	0 円
領収　印	4月30日　印	5月31日　印	月日　印	月日　印	月日　印	月日　印	月日　印	月日　印

様式第２１号（第５５条関係）

賃金台帳　（日日雇い入れられる者に対するもの）

支払月日	氏名	性別	労働日数	労働時間数	早出残業時間数	深夜労働時間数	基本賃金	所定時間外割増賃金	手当			合計	控除額	実物給与
4/20	山手登志男	男	2	19	3	0	36,000	8,438				44,438	4,537	
5/13	初音太郎	男	1	9	1	0	18,000	2,813				20,813	2,125	

記載心得
一　残業又は休日労働が深夜に及んだ場合には、深夜の部分の残業労働時間数を深夜労働時間数の欄にも記入すること。
二　実物給与の欄には、当該賃金計算期間において支給された実物給与の評価額をその種類ごとに記入すること。

様式第5号（第51条関係）（1）

健康診断個人票（雇入時）

氏名	高石好男	生年月日	昭和00年00月00日	健診年月日	00年00月00日
		性別	（男）・女	年齢	00歳

業務歴	型枠大工
既往歴	なし
自覚症状	なし
他覚症状	なし
身長（cm）	168.3
体重（kg）	64.8
BMI	23.0
腹囲（cm）	89.0
視力 右	1.0（　）
視力 左	0.9（　）
聴力 右1000Hz	（1）所見なし　2所見あり
聴力 右4000Hz	（1）所見なし　2所見あり
聴力 左1000Hz	（1）所見なし　2所見あり
聴力 左4000Hz	（1）所見なし　2所見あり
胸部エックス線検査	直接　（間接） 撮影 00年00月00日
フィルム番号	No. 000
備考	

検査項目		結果
血圧（mmHg）		95～148
貧血検査	血色素量（g／dl）	14.2
	赤血球数（万／mm³）	455
肝機能検査	GOT（IU／l）	25
	GPT（IU／l）	30
	γ－GTP（IU／l）	123
血中脂質検査	LDLコレステロール（mg／dl）	126
	HDLコレステロール（mg／dl）	83
	トリグリセライド（mg／dl）	171
血糖検査（mg／dl）		98
尿検査	糖	（－）＋ ＋＋ ＋＋＋
	蛋白	（－）＋ ＋＋ ＋＋＋
心電図検査		異常なし
その他の法定検査		
その他の検査		
医師の診断		初期高血圧
健康診断を実施した医師の氏名 印		田辺晴男
医師の意見		就労に支障なし
意見を述べた医師の氏名 印		田辺晴男
歯科医師による健康診断		
歯科医師による健康診断を実施した歯科医師の氏名 印		
歯科医師の意見		
意見を述べた歯科医師の氏名 印		

備考

1 労働安全衛生規則第43条、第47条若しくは第48条の雇入時の健康診断又は労働安全衛生法第66条第4項の健康診断を行ったときに用いること。

2 BMIは、次により算出すること。

$$BMI = \frac{体重(kg)}{身長(m)^2}$$

3「視力」の欄は、矯正していない場合は（ ）外に、矯正している場合は（ ）内に記入すること。

4「その他の法定検査」の欄は、労働安全衛生規則第47条の健康診断及び労働安全衛生法第66条第4項の健康診断のうち、それぞれの該当欄以外の項目についての結果を記入すること。

5「医師の診断」の欄は、異常なし、要精密検査、要治療等の医師の診断を記入すること。

6「医師の意見」の欄は、健康診断の結果、異常の所見があると診断された場合に、就業上の措置について医師の意見を記入すること。

7「歯科医師による健康診断」の欄は、労働安全衛生規則第48条の健康診断を実施した場合に記入すること。

8「歯科医師の意見」の欄は、歯科医師による健康診断の結果、異常の所見があると診断された場合に、就業上の措置について歯科医師の意見を記入すること。

コラム 12

立入調査をしたら、賃金台帳に証拠品ラベルが

以前、ある企業に立入調査をしたときのことです。手順に従って労働者名簿と賃金台帳の提示を求めました。

しばらくして持ってこられたそれらの帳簿は、表紙の左上に縦2センチ、横5センチほどのラベルが貼られていました。赤で印刷されたその紙は、検察庁に事件を送検する際、一緒に送る証拠品を区分するための番号を記すものでした。その品目と特徴を証拠金品総目録という書類に記載し、検察庁では事件を受け付ける際、実物と突き合わせをするのです。

この会社、その時は知りませんでしたが、署に戻って確認したところ、実はしばらく前に私のいた労働基準監督署から労働基準法違反容疑で送検されていたのです。が、几帳面にも事件終結後それらの返却を受けた後もそのままにしていたのでした。

Q98
書類をパソコン等に電子データで保存してもよいのでしょうか？

Answer.
一定の要件を満たせば可能です。

「民間事業者等が行う書面の保存等における情報通信の技術の利用に関する法律」と「民間事業者等が行う書面の保存等における情報通信の技術の利用に関する法律の施行に伴う関係法律の整備等に関する法律」が平成17年（2005年）4月1日から施行されています。この法律を総称して、「e-文書法」と呼んでいます。

e-文書法に定める要件に合致した方法であれば、電子データで保存できます。

なお、労働基準監督署の立入調査の際、速やかに提示でき、求められた場合にその必要に応じてプリントアウトできなければなりません。

Q99

労働基準監督署の立入調査では、どのような書類を見せなければならないのでしょうか？

Answer.

次の書類の提示を求められるのが一般的です。

1. 労働者名簿（労働基準法第107条）
2. 雇入通知書又は労働条件通知書（同法第15条）
3. 時間外労働及び休日労働に関する協定届（同法第36条）
4. 労働時間管理に関する書類（出勤簿等）（同法第109条）
5. 賃金台帳（同法第108条）
6. 就業規則（同法第89条、第109条）
7. 定期健康診断個人票
（労働安全衛生法第100条、労働安全衛生規則第51条）
8. 労働者が有している資格の一覧表（場合によっては資格証の原本）
（同法第61条）
9. 現場で使用している機械等の定期自主検査記録（日常点検を含む。）
（同法第45条）
10. 安全委員会、衛生委員会又は安全衛生委員会が設置されている場合には、その議事録（同法第100条、労働安全衛生規則第23条）
11. その他、労働基準監督署に提出した各種報告書の控
（労働基準法第109条、労働安全衛生法第100条）

なお、工事現場の場合には、労働災害防止協議会（災防協）の議事録は現場の大小に限らず、ほぼ必ずチェックされます。

Q100

下請が就業規則を労働基準監督署に届け出なければならないのは、どのような場合なのでしょうか？

Answer.

**まず、本社や支社等では、常時使用する労働者数が10人以上の場合には、作成、届出が必要です（労働基準法第89条）。
変更した場合も同様です。**

工事現場については、当該現場に事務所を設け、労務管理を行っている場合であって、常時使用する労働者数が10人以上である場合に、工事現場を一つの事業場として就業規則の届出が必要です。この場合には、当該工事現場の所在地を管轄する労働基準監督署に提出します。

この労働者数には、常態として在籍しているのであれば、パートタイマーやアルバイトも含まれます。

Q101

労働基準監督官から受けた是正勧告書や指導票の保存は、どうすればよいのでしょうか？

Answer.

そのままファイルに綴じて、少なくとも3年間保存してください。

それ以上の期間保存することは差し支えありません。PDFファイルや画像ファイルで保存する方法もありますが、おそらくそれほどの量はないでしょうから、紙ファイルに綴じておけばよいと思われます。

なお、是正報告書の控も添付書類と一緒に保存しておくほうがよいでしょう。どのような勧告を受けて、いつ、どのように是正したかがわかるからです。

第8章

寄宿舎

概 要

建設業では、出稼労働者が少なくないことなどから、寄宿舎を設置しているところがあります。法令では、「建設業附属寄宿舎」といいます。

建設業附属寄宿舎には、大きく分けて次の２種類があります。

１．基地的寄宿舎
常態として設置された寄宿舎で、ここに居住する労働者があちこちの工事現場に出かけていくもの。

２．工事現場に附設された寄宿舎
ダム工事が典型ですが、高速道路工事をはじめ、交通の便があまりよくない工事現場の場合、その工事に従事する労働者のために、現場の近くに設置されるもの。当該工事が終了すると撤去されることが多い。

寄宿舎は、労働基準法と建設業附属寄宿舎規程により、構造等が定められていますが、その不備により、火災、食中毒、一酸化炭素中毒等の労働災害が発生すると、複数の労働者が被災する例が少なくありません。土砂崩壊、雪崩や洪水等による被害もあります。その結果、労働者が通っている工事現場の労災保険における業務災害とされることがよくあります。その場合、当該協力会社の業務災害とされたり、その工事現場の労災事故の件数としてカウントされることがあります。仕事中でなくても事業主の支配下におかれている間に、その内在する危険性が具体化したものとして扱われるからです。

本章では、建設業附属寄宿舎に関する Q&A をあげています。

Q102
「建設業附属寄宿舎」とは、どのようなものでしょうか？

Answer.

建設労働者が居住する施設で共同生活をするためのものです。

寄宿舎であるかどうかについては、まず、事業附属寄宿舎かどうかが問題となります。

事業附属寄宿舎となるものの範囲は、次のとおりです（昭23.3.30基発508号）。

1. 寄宿舎とは常態として相当人数の労働者が宿泊し、共同生活の実態を備えるものをいい、事業に附属するとは事業経営の必要上その一部として設けられているような事業との関連をもつことをいう。したがって、この二つの条件を充たすものが事業附属寄宿舎として労働基準法第10章（寄宿舎に関する章）の適用を受けるものです。

2. 寄宿舎に該当するかどうかについては、おおむね次の基準によって総合的に判断することとなります。

   ①相当人数の労働者が宿泊しているかどうか

   ②その場所が独立又は区画された施設であるかどうか

   ③共同生活の実態を備えているか否か、すなわち単に便所、炊事場、浴室等が共同となっているだけでなく、一定の規律、制限により労働者が通常、起居寝食等の生活態様を共にしているかどうか

したがって、社宅のように労働者がそれぞれ独立の生活を営むもの、小人数の労働者が事業主の家族と生活を共にするいわゆる住込のようなものは含まれません。

3. 事業に附属するかどうかについては、おおむね次の基準によって総合的に判断することとなります。

①宿泊している労働者について、労務管理上共同生活が要請されているかどうか

②事業場内又はその付近にあるかどうか

したがって、福利厚生施設として設置されるいわゆるアパート式寄宿舎は、これに含まれません。

Q103

下請が寄宿舎を使用しているかどうかを、どうやって調べればよいのでしょうか？

Answer.

下請が乗り込み時に提出した作業員名簿（Q52 参照）を見てください。
その作業員一覧表において、現住所が同じ者が複数いれば、寄宿舎である可能性が高いことになります。

次に、労働者の家族連絡先が会社所在地から離れている場合（他県である等）、出稼労働者である可能性が高く、同郷の者が複数いることが多いものです。

そのような場合には、当該下請業者に「寄宿舎の有無」を確認し、寄宿舎らしい場合には、現地の所轄労働基準監督署長に次の届を済ませているかどうかを確認してください。

1．寄宿舎設置届

2．寄宿舎規則届

寄宿舎設置届は、寄宿舎の構造等がわかる図面と共に届け出ます。一般的にはその後労働基準監督署から必ず実地調査に来ますので、構造上の問題点等があれば指摘を受けているはずです。

実地調査後であれば、構造的な問題は解決されている可能性が高いでしょう。

なお、最近ではワンルームマンションや旅館を会社で借り上げて、一人一部屋で住まわせていることもあります。その場合、食事や入浴が共同でなければ寄宿舎には当たらないと考えられます。

様式（第5条の2）

寄宿舎 設置（〇） 移転 変更 届

事業の種類			土木工事業		
事業の名称			大角建設株式会社		
事業場の所在地			東京都大田区西六郷1-2-34		
常時使用する労働者数			28 名		
事業の開始予定年月日			令和0年00月00日	事業の終了予定期日	未定
寄宿舎	寄宿舎の設置地		東京都大田区東六郷0-0-00		
	収容能力及び収容実人員		（収容能力） 15名，（収容実人員） 9名		
	棟数		1棟		
	構造		木造2階建		
	延居住面積		258.3 ㎡		
	施設	階段の構造	蹴上24cm、踏面29cm、幅120cm		
		寝室	6畳×10 室		
		食堂	20畳、座卓		
		炊事場	なし（仕出しによる）		
		便所	小便器2、大便器2		
		洗面所及び洗たく場	洗面台3、全自動洗濯機2、乾燥機2		
		浴場	常時3人が入浴可		
		避難階段等	非常用折りたたみはしご		
		警報設備	火災報知機		
		消火設備	ABC消火器×6		
	工事開始予定年月日		令和0年00月00日	工事終了予定年月日	

令和0年 00月 00日

使用者 職 代表取締役 氏名 大角力三郎 ㊞

大田 労働基準監督署長 殿

備考
1 表題の「設置」，「移転」及び「変更」のうち該当しない文字をまつ消すること。
2 「事業の種類」の欄には，なるべく事業の内容を詳細に記入すること。
3 「構造」の欄には，鉄筋コンクリート造，木造等の別を記入すること。
4 「階段の構造」の欄には，踏面，けあげ，こう配，手すりの高さ，幅等を記入すること。
5 「寝室」の欄には，1人当たりの居住面積，天井の高さ，照明並びに採暖及び冷房等の設備について記入すること。
6 「食堂」の欄には，面積，1回の食事人員等を記入すること。
7 「炊事場」の欄には，床の構造及び給水施設(上水道，井戸等)を記入すること。
8 「便所」の欄には，大便所及び小便所の男女別の数並びに構造の大要(水洗式，くみ取り式等)を記入すること。
9 「洗面所及び洗たく場」の欄には，各設備の設置箇所及び設置数を記入すること。
10 「浴場」の欄には，設置箇所及び加温方式を記入すること。
11 「避難階段」の欄には，避難階段及び避難はしご等の避難のための設備の設置箇所及び設置数を記入すること。
12 「警報設備」の欄には，警報設備の設置箇所及び設置数を記入すること。
13 「消火設備」の欄には，消火設備の設置箇所及び設置数を記入すること。

寄宿舎規則（変更）届

大田　労働基準監督署長殿

令和０年　00月　00日

今回、別添のとおり当社の寄宿舎規則を作成（変更）いたしましたから寄宿労働者代表の同意書を添付のうえお届けいたします。

事業の所在地　東京都大田区西六郷1-2-34

事業の名称　大角建設株式会社

事業の種類　土木工事業

使用者の職名及び氏名　代表取締役　大角力三郎　㊞

Q104

寄宿舎の構造基準は、どうなっているのでしょうか？

Answer.

おおむね次のとおりです。

建設業附属寄宿舎規程一覧表

規程事項	内容		条項
寝室	天井の高さ	2.10m 以上	16条1項5号
	照明等	床面積 10m^2 につき 白熱電灯　60 W以上 蛍光ランプ　20 W以上	16条1項 10号
	暗幕等の遮光設備	昼間睡眠を必要とする労働者に必要	16条1項2号
	1人当たりの床面積	3.2m^2 以上（押入等の面積を除く）	16条1項2号
	2段ベッドの場合の高さ	85㎝以上	16条1項6号
	床	① 木造は 45㎝以上の高さ（防湿措置を講じた場合を除く） ② 畳敷き（寝台を設けた場合を除く）	16条1項3号 16条1項4号
	1室当りの居住人員	6人以下	16条1項1号
	押入等	① 寝具の収納設備（押入等） ② 身回品を収納する各人別の施錠可能な設備	16条1項 7、8号
	採暖・防暑	ストーブ、扇風機等	16条1項 15、16号
	窓	① 各室に床面積の7分の1以上の面積の窓 ② 外窓には雨戸又はガラス戸等 ③ 窓掛け	16条1項 9号、12号
衛生	食堂	① 床板張等　② 食卓・椅子　③ 採暖・防暑設備 ④ 昆虫、鼠等の防止　⑤ 照明・換気	17条 1～6号
	炊事場	① 床板張等　② 昆虫、鼠等の防止 ③ 食器炊事用器具の保管設備 ④ 廃物及び汚水処理設備　⑤ 炊事専用の作業衣	17条1、 6～9号
	浴室	① 他に利用するものがない場合に設置 ② 10人以内ごとに1人以上が同時に入浴できる規模の浴室 ③ 浄水又は上がり湯 ④ 脱衣場と浴室は男女別とする（人数が著しく違う場合を除く）	19条

衛生	便所	① 位置…寝室、食堂、炊事場から適当な距離 ② 個数…15 人以内ごとに 1 個以上 ③ 照明、換気が十分であること ④ 構造…イ　便池は汚物が土中に浸透しない構造 　　　　ロ　流出水によって手を洗う設備	20 条
雨具等収納設備		寄宿する者の数に応じ屋内に靴、雨具等の収納設備	
洗面所等		寄宿する者の数に応じ洗面所、洗たく場、物干し場	
掃除用具		必要な掃除用具の備付け	
火災等の避難	出入口	直接戸外に接する外開戸又は引戸で 2 箇所以上	10 条
	階段の数	① 常時 15 人未満の労働者が 2 階以上の寝室に居住する場合各階に 1 箇所以上。ただし、避難器具等を設けた場合はこの限りでない ② 常時 15 人以上の場合には①の階段を 2 個以上	8 条 1 項、2 項
	階段の構造	常時使用する階段について ① 踏面 21㎝以上、けあげ 22㎝以下 ② 手すり：両側に高さ 75㎝以上 85㎝以下。 ただし側壁又はこれに代わるものがあればこの限りでない。 ③ 幅：75㎝以上　ただし屋外階段については 60㎝以上 ④ 各段から高さ 1.8m 以内に障害物がないこと ⑤ 屋内の階段については、蹴込板又は裏板を付けること。	13 条
	警報設備の設置	要	11 条
	消火設備	要	12 条
	避難、消火訓練	① 警報設備、消火設備の設置場所と使用方法の周知 ② 使用開始後及び 6 箇月に 1 回避難及び消火訓練の実施	11 条 2 項、12 条の 2
廊下		① 両側に寝室がある場合（中廊下）1.6m 以上 ② その他の場合（片廊下）1.2m 以上	14 条
その他	休養室	常時 50 人以上が寄宿する場合に設置	23 条
	掲示	① 寝室の入口に居住者の氏名及び定員 ② 寄宿舎の出入口等見やすい箇所に事業主及び寄宿舎管理者の氏名又は名称　③ 避難用階段、避難器具である旨 ④ 避難階段等の方向	16 条 3 項、3 条、9 条
	常夜灯	階段及び廊下に設ける	15 条
	汚水等の処理	① 雨水、汚水処理用の下水管等 ② 汚物を露出させない設備	7 条、7 条の 2
	寄宿舎規則	① 所轄労働基準監督署長への届出 ② 寄宿労働者への周知	2 条、2 条の 2
	寄宿舎管理者	① 毎月 1 回巡視　②修繕等の連絡	3 条の 2
	設置届	工事着手の 14 日前までに所轄労働基準監督署長への届出	労基則 50 の 2

Q105

「望ましい建設業附属寄宿舎に関するガイドライン」の内容は、どのようになっているのでしょうか？

Answer.

「建設業附属寄宿舎規程」の基準を上回る自主的な基準として、厚生労働省から次のとおり示されています（平 6.9.28 基発 596 号）。

事業主（使用者）は、なるべくこれらに適合するようにしなければなりません。

1．使用者の責務
使用者は、寄宿舎について、労働基準法及び建設業附属寄宿舎規程に定めるところによるほか、このガイドラインに適合したものとなるよう努めなければなりません。

2．寄宿労働者の意見の聴取
（1）寄宿労働者から寄宿舎に関する意見要望を聴くための機会を設けるよう努めなければなりません。

（2）（1）により寄宿労働者から意見要望があった場合には、必要な措置を講ずるよう努めなければなりません。

3．寄宿労働者の協力
寄宿労働者は、使用者が実施する寄宿舎に関する措置に協力するように努めなければなりません。

4．出入口
通常使用する寄宿舎の出入口には、水洗設備等寄宿労働者の足部に付着した泥、土等を除去するための設備を設けるよう努めなければなりません。

5．階段の構造

寄宿舎の階段の両側に側壁又はこれに代わるものがある場合であっても、少なくともその片側については手すりを設けるよう努めなければなりません。

6．寝室

（1）寝室については、次の各号に定めるところによるよう努めなければなりません。

一、各室の居住人員は、それぞれ２人以下とすること。

二、各室の床面積は、押入れ等の面積を除き、１人について4.8平方メートル以上とすること。

（2）寄宿舎の周囲の状況に応じて、窓はサッシ窓にする等防音の措置を講ずるよう努めなければなりません。

（3）就眠時間を異にする寄宿労働者を同一の寝室に寄宿させないよう努めなければなりません。

7．浴場

浴場を設ける場合には、次の各号に定めるところによるよう努めなければなりません。

一、シャワー設備を設けること。

二、浴場の温度調節については、浴場内において行うことができる構造とすること。

三、体重計を備え付けること。

8．便所

便所については、次の各号に定めるところによるよう努めなければなりません。

一、大便所の便房及び小便所は、寄宿労働者の数に応じ、適当な数を設けること。ただし、大便所の便房は、２個を下回らないこと。

二、女子の寄宿労働者の数に応じ、適当な数の女子用便所を設けること。

三、できる限り水洗便所とすること。

9. 渡り廊下

食堂、浴室又は便所を寝室と別棟に設ける場合には、それぞれの棟の間に屋根のある渡り廊下を設けるよう努めなければなりません。

10. 洗たく機

洗たく場には、寄宿労働者の数に応じて、適当な数の洗たく機を設置するよう努めなければなりません。

11. 物干し場

寄宿舎の物干し場には、屋根を設けるよう努めなければなりません。

12. 福利施設

（1）寄宿労働者の教養、娯楽、面会、談話、休憩等のための適当な福利施設を設けるよう努めなければなりません。

（2）（1）の福利施設については、次の各号に定めるところによるよう努めなければなりません。

一、喫茶のための設備を設けること。

二、テレビを設置すること。

三、新聞、雑誌等を備え付けること。

13. 自動火災報知器

寄宿舎に自動火災報知器を設置するよう努めなければなりません。

14. 食堂

寄宿舎には、食堂を設けるよう努めなければなりません。

15. 温かい食事

寄宿労働者に温かい食事を提供するよう努めなければなりません。

16. 湯の提供

寄宿労働者に湯を提供するよう努めなければなりません。

17. 冷蔵庫及び電子レンジ

寄宿労働者が自由に使用できる冷蔵庫及び電子レンジ等を設置するよう努めなければなりません。

18. 栄養の確保
寄宿労働者に給食を行うときは、栄養の確保に必要な措置を講ずるよう努めなければなりません。

19. 健康の確保
健康に関する相談の機会を設ける等寄宿労働者の健康の確保について必要な配慮を行うよう努めなければなりません。

20. 疾病にかかった場合等の援助
寄宿労働者が負傷し、又は疾病にかかった場合には、必要な援助を行うよう努めなければなりません。

21. 共用電話
寄宿舎には、寄宿労働者が自由に使用しうる共用の電話を設置するよう努めなければなりません。

22. 日用品の購入
日用品の購入について寄宿労働者が不便を来さないよう、必要な援助を行うよう努めなければなりません。

Q106

寄宿舎では、消火訓練を実施しなければならないのでしょうか？

Answer.

定期的に実施しなければなりません。

建設業附属寄宿舎規程では、使用者は、火災その他非常の場合に備えるため、寄宿舎に寄宿する者に対し、寄宿舎の使用を開始した後遅滞なく1回、及びその後6か月以内ごとに1回、避難及び消火の訓練を行わなければならない（建設業附属寄宿舎規程第12条の2）旨定めています。

建設業附属寄宿舎においては、火災、食中毒と一酸化炭素中毒が、三大災害といえます。

これらのうち、最も多い火災による災害を防ぐため、避難訓練と消火訓練が義務づけられています。

例えば消火訓練を例にとると、現在主流の粉末消火器（ABC消火器）は、レバーを握って消火剤が噴射されるのは20秒前後です。非常に短い時間なので、効果的に火元に噴射しないと消火しないうちに終わってしまいます。

消火訓練に慣れていない人は、ごうごう燃えている炎に消火剤を噴射しがちですが、それでは火は消えません。燃えている炎の下の、燃えている物と炎との間をさえぎるように消火剤を噴射しなければなりません。そのことを体で感じるためには、消火訓練が重要です。初期消火の重要性を体感してもらうのです。

Q107
寄宿舎では、避難訓練を実施しなければならないのでしょうか？

Answer.
実施しなければなりません。

建設業附属寄宿舎規程では、使用者は、火災その他非常の場合に備えるため、寄宿舎に寄宿する者に対し、寄宿舎の使用を開始した後遅滞なく１回、及びその後６か月以内ごとに１回、避難及び消火の訓練を行わなければならない（建設業附属寄宿舎規程第12条の２）旨定めています。

建設業附属寄宿舎における災害は、最も多いのが火災による災害です。逃げ遅れなどにより一度に複数の労働者が死亡することも少なくありません。また、地震、津波、台風等の災害に対する備えも必要です。万一の場合に備え、避難訓練を行うことは、重大な災害を防ぐために重要です。

避難訓練は、火災のみならず、設置場所の地形その他を考慮し、地震、土石流や河川の氾濫等、付近の土砂崩壊の場合も想定し、避難階段等の場所をよく知るとともに、いざというときにはどこに避難するかをあらかじめよく知っておくという意味でも重要です。

Q108

寄宿舎規則とは、
どのようなものでしょうか？

Answer.

寄宿舎とは、複数の労働者が起居を共にする場所です。寄宿舎規則にはそこに居住するためのルールを定めておき、入居時にその内容を寄宿労働者に教えておくものです。

労働基準法第95条では、次の事項について寄宿舎規則を作成し、行政官庁に届け出なければならない旨定めています。

1. 起床、就寝、外出及び外泊に関する事項
2. 行事に関する事項
3. 食事に関する事項
4. 安全及び衛生に関する事項
5. 建設物及び設備の管理に関する事項

寄宿舎規則においては、次のようなことを定めているのが一般的です。

1. 数名が共同で一つの部屋で生活するため、当該部屋の掃除等の役割分担に関する事項
2. 食堂の利用時間の制限
3. トイレ、炊事場、浴室等の共同利用に関する事項（掃除当番等）
4. 起床、就寝、門限、外出・外泊に関する事項
5. 消火訓練、避難訓練及び健康診断に関する事項

Q109

寄宿舎では門限を設けてもよいのでしょうか？

Answer.

かまいません。

寄宿労働者は、複数の労働者が起居を共にしていますから、一定のルールが必要です。その一つとして門限を設けることは、必要です。ただし、門限破りに対してあまり過酷なペナルティーを定めることは、寄宿舎管理の行き過ぎとなりますので、その点の考慮は必要です。

労働基準法第94条第1項では、「使用者は、事業の附属寄宿舎に寄宿する労働者の私生活の自由を侵してはならない。」と定め、第2項では、「使用者は、寮長、室長その他寄宿舎生活の自治に必要な役員の選任に干渉してはならない。」としています。

Q110

外泊を許可制にすることはできないのでしょうか？

Answer.

許可制にすることはできません。
届出制とすることはかまいません。

外出・外泊に関する事項は、あらかじめ寄宿舎規則に定めておくべき事項です。この点を定めておかないと、寄宿労働者が無断外泊の後どこかに行ってしまうということも生じます。近年、外国人労働者の失踪が問題とされています。

その結果として現場作業に穴を開けることとなれば、会社としては事業運営に支障が生じることとなりかねません。

しかしながら、中学・高校生と違って大人ですから、会社や寮長の許可を必要とするとなると行き過ぎの感があります。届出制については法令上制限がありませんので、届出制にしておくべきでしょう。

なお、Q109で述べました「私生活の自由」を参照してください。

Q111

寄宿舎規則の届出には、どのような書類が必要なのでしょうか？

Answer.

寄宿舎規則届の用紙（Q103 参照）と寄宿労働者代表の同意書を添付して、当該寄宿舎の所在地（会社の所在地ではありません。）を管轄する労働基準監督署長に届け出ます。

変更した場合も同様です。

同　意　書

大角建設株式会社
大角力三郎　殿

令和０年　00月　00日

令和０年　00月　00日付をもって提示された寄宿舎規則について同意します。

事業の名称　大角建設株式会社

寄宿労働者
代表氏名　高石好男　㊞

Q112

寄宿舎の管理と賄い（給食）業務を専門業者に任せてもよいのでしょうか？

Answer.

専門業者に委託する例が増えています。

その際、調理担当者が検便の健康診断を受診したかどうかを確認しておく必要があります。

また、寄宿労働者の人数と調理する食事の数にもよりますが、「監視又は断続的労働に関する許可」を労働基準監督署長から受けているかどうかも確認しておくことが望まれます。

業務の内容等にもよりますが、この許可を受けていると、労働時間、休日、休憩に関する労働基準法の適用がなくなることから、残業手当の問題が生じません。最低賃金特例減額許可申請も必要です。拘束時間が長いけれども実際の労働時間（実作業時間）は短いからです。

監視／断続的労働 に従事する者に対する適用除外許可申請書

様式第14号（第34条関係）

事業の種類	事業の名称	事業の所在地
土木工事業	大角建設株式会社	東京都大田区西六郷1-2-34 03(0000)0000

	業務の種類	員数	労働の態様
監視		人	
断続的労働	寄宿舎の管理と清掃	1人	大田区東六郷0-0-00所在の社員寮に住込み、寮の管理と清掃業務を行う。時間は自由。賄いは仕出し弁当で調理はない。朝6時から夜8時まで。

令和0年　00月00日

使用者　職名　代表取締役
　　　　氏名　大角力三郎　印

大田　労働基準監督署長殿

Q113

寄宿舎は、あらかじめ所轄労働基準監督署長に、設置届を出さなければならないのでしょうか？

Answer.

寄宿舎を設置し、移転し、又は変更しようとする場合には、その工事着手の14日前までに所轄労働基準監督署長に届出をしなければなりません。

労働基準法第96条の2では、「使用者は、常時10人以上の労働者を就業させる事業、厚生労働省令で定める危険な事業又は衛生上有害な事業の附属寄宿舎を設置し、移転し、又は変更しようとする場合においては、前条の規定に基づいて発する厚生労働省令で定める危害防止等に関する基準に従い定めた計画を、工事着手14日前までに、行政官庁に届け出なければならない。」と定めています。

これを受けて労働基準法施行規則第50条の2では、「厚生労働省令で定める危険な事業」として「法別表第一第3号に掲げる事業」をその対象の一つとしています。この第3号の事業は、「土木、建築その他工作物の建設、改造、保存、修理、変更、破壊、解体又はその準備の事業」であり、建設業がこれに該当します。

寄宿舎設置届についてはQ103を参照してください。

Q114

民間アパートの借り上げ宿舎の場合、
どのような手続が必要なのでしょうか？

Answer.

寄宿舎設置届を提出する必要があります。

既存の建物を寄宿舎として使用する場合には、当該建物の構造等がわかる図面を添付してQ103の寄宿舎設置届を提出することとなります。その際、賃貸借契約書の写しを添付してください。旅館を借り上げる場合も同様です。ただし、寄宿舎に該当しない場合は届出は不要です。

Q115

寄宿舎での食事代を徴収する場合、
どのような点に注意が必要なのでしょうか？

Answer.

一般的には、実費程度とすべきでしょう。

一種の社員食堂であり、市中の食堂等より安価なはずです。ただし、食事代のほかに、水光熱費や寝具の損料等で社会常識に照らして妥当な金額は、徴収することが可能と考えられます。

Q116

寄宿舎で火災・食中毒等が発生した場合、労災保険の取扱いはどうなるのでしょうか？

Answer.

原則として業務上災害として労災保険給付の対象となります。

事業にもよりますが、作業員が通っている工事現場の労災保険がそれぞれ適用され、それらの工事現場で発生した労災事故としてカウントされることがあります。ただし、当該寄宿舎を設置している業者が独自の労災保険に加入していれば、そこの災害として扱われます。

まず、食事をとるのは一般的に休憩時間中や就業の前後であるので、休憩時間中の災害が業務上災害になるかどうかから説明します。

業務上災害として認められるためには、「業務起因性」と「業務遂行性」が必要とされています。

業務起因性とは、「労働者が労働契約に基づき事業主の支配下にあることに伴う危険性が現実化したものと経験則上認められること」をいいます。

業務起因性が認められるためには、業務遂行性が認められなければなりません。業務遂行性とは、一般に「労働者が労働契約に基づき事業主の支配下にあること」をいいます。

この業務遂行性には、次の三つの類型があるとされています。

1. 事業主の支配・管理下で業務に従事している場合

2. 事業主の支配・管理下にあるが、業務に従事していない場合

3. 事業主の支配下にはあるが、管理下を離れて業務に従事している場合

おたずねの食事をとる行為は、このうち２の場合に当たると考えられます。その場合でも、休憩時間中の私的行為による災害は、原則として業務上災害には当たりません。例えば、休憩時間中にキャッチボールをしていて負傷した場合などです。

２に当たる場合に、「施設の欠陥」といういい方をするのですが、例えば倉庫で昼寝をしていたところ荷崩れにより被災した場合などは、業務上災害として労災保険給付の対象となります。仕事場への往復の際、雪で滑って転ぶと一般的には通勤災害ですが、事業場の門をくぐってからだと、業務上災害となります。また、帰宅途中に事業場の敷地内でフォークリフトに接触して負傷した場合も、通勤災害ではなく業務上災害となります。

そこで、寄宿舎での食中毒を事業主の支配下にあることに伴う危険性の面から見ると、食堂を自社で直接運営するか専門業者に委託するなどして運営し、労働者に対する強制はないまでもその事業場の労働者が一般的に利用している状況があれば、提供された食事が原因で食中毒に罹患した場合には、その危険性が現実化したものということができます。

したがって、その場合には就業時間外の行為であったとしても、業務上災害として労災保険給付の対象になると考えられます。

ただし、その食事が、コンビニ等で買い求めたものだとすると、食堂の場所を使ったことが原因で食中毒が発生したということが確認できればともかく、事業主の支配下にあることに伴う危険性によるわけではないわけですから、業務上災害とは認められません。

火災の場合も同様の考え方から、事業主の支配下における災害として、労災保険給付の対象となることが多いものです。

Q117

寄宿舎内で作業員同士のけんかにより負傷した場合、労災保険の取扱いはどうなるのでしょうか？

Answer.

原則として労災保険からは支給されません。

業務上災害として認められるためには、「業務起因性」と「業務遂行性」が必要とされています。詳細はQ116を参照してください。

おたずねの場合は、Q116の「2. 事業主の支配・管理下にあるが、業務に従事していない場合」に該当すると考えられます。そして、けんかというのは一般的にいうと私怨が原因の場合が多く、いわば個人的な怨恨ということになります。その点では、駅員や飲食店の店員が酔客から暴行を受けたなどの場合と異なり、業務遂行性が認められません。

したがって、労災保険給付の対象とはなりません。ただし、業務に関係することから発展して暴力沙汰になることもないわけではなく、場合によっては給付の対象となることもあります。職制に基づく指示等の言い方などが原因となって争いになることもあり、個別事業の内容を詳しく調査しなければ給付の可否が決められないこともあります。そのような場合には、労働基準監督署にご相談ください。

Q118

寄宿舎内での一定の事故等が発生した場合には、労働者死傷病報告を提出しなければならないのでしょうか？

Answer.

必要です。

労働基準法施行規則第57条では、遅滞なく報告すべき場合として、次のものをあげています。

報告すべき事故等	様式
1．事業の附属寄宿舎において火災若しくは爆発又は倒壊の事故が発生した場合	労働安全衛生規則様式第22号（事故報告書）
2．労働者が事業の附属寄宿舎内で負傷し、窒息し、又は急性中毒にかかり、死亡し又は休業した場合	労働安全衛生規則様式第23号（労働者死傷病報告書）※

※休業の日数が4日に満たないときは、労働安全衛生規則様式第24号により、1月から3月まで、4月から6月まで、7月から9月まで及び10月から12月までの期間における当該事実を毎年各各の期間における最後の月の翌月末日までに、報告することとなります。

様式第22号（第96条関係）

事　故　報　告　書

<table>
<tr><td>事業の種類</td><td colspan="2">事業場の名称（建設業にあつては工事名併記のこと）</td><td>労働者数</td></tr>
<tr><td>基礎工事業</td><td colspan="2">丸山建設株式会社　山口ビル新築工事</td><td>2</td></tr>
<tr><td colspan="2">事業場の所在地</td><td colspan="2">発生場所</td></tr>
<tr><td colspan="2">横浜市港南区日野6-7-8
（電話 045-000-0000 ）</td><td colspan="2">川崎市高津区諏訪0-0-00</td></tr>
<tr><td colspan="2">発生日時</td><td colspan="2">事故を発生した機械等の種類等</td></tr>
<tr><td colspan="2">令和0年　00月　00日　00時　00分ころ</td><td colspan="2">30t 移動式クレーン（ホイール式）</td></tr>
<tr><td colspan="2">構内下請事業の場合は親事業場の名称
建設業の場合は元方事業場の名称</td><td colspan="2">大樹建設株式会社</td></tr>
<tr><td>事故の種類</td><td colspan="3">転倒</td></tr>
</table>

<table>
<tr><td rowspan="4">人的被害</td><td colspan="2">区分</td><td>死亡</td><td>休業4日以上</td><td>休業1～3日</td><td>不休</td><td>計</td><td rowspan="4">物的被害</td><td>区分</td><td>名称、規模等</td><td>被害金額</td></tr>
<tr><td rowspan="2">事故発生事業場の被災労働者数</td><td>男</td><td>0</td><td>1</td><td>0</td><td>0</td><td>1</td><td>建物</td><td>m²</td><td>円</td></tr>
<tr><td>女</td><td>0</td><td>0</td><td>0</td><td>0</td><td>0</td><td>その他の建設物</td><td></td><td>円</td></tr>
<tr><td colspan="2">その他の被災者の概数</td><td colspan="5">なし
（　　）</td><td>機械設備
原材料
製品
その他
合計</td><td>移動式クレーン</td><td>500万 円
円
円
円
円</td></tr>
</table>

<table>
<tr><td>事故の発生状況</td><td>荷の吊り上げのためアウトリガーを張り出し、地切りをしたとき、左後方のアウトリガーが沈み込んで転倒した。</td></tr>
<tr><td>事故の原因</td><td>敷鉄板の大きさが不適切だった</td></tr>
<tr><td>事故の防止対策</td><td>軟弱地盤には十分な耐力のある敷鉄板をすき間なく敷きつめること。</td></tr>
<tr><td>参考事項</td><td></td></tr>
<tr><td>報告書作成者職氏名</td><td>安全環境課長　白木芳己</td></tr>
</table>

令和0年　00月　00日

川崎北労働基準監督署長殿　　事業者　代表取締役 丸山昭之 ㊞

備考
1 「事業の種類」の欄には、日本標準産業分類の中分類により記入すること。
2 「事故を発生した機械等の種類等」の欄には、事故発生の原因となつた次の機械等について、それぞれ次の事項を記入すること。
(1) ボイラー及び圧力容器に係る事故については、ボイラー、第一種圧力容器、第二種圧力容器、小型ボイラー又は小型圧力容器のうち該当するもの。
(2) クレーン等に係る事故については、クレーン等の種類、型式及びつり上げ荷重又は積載荷重。
(3) ゴンドラに係る事故については、ゴンドラの種類、型式及び積載荷重。
3 「事故の種類」の欄には、火災、鎖の切断、ボイラーの破裂、クレーンの逸走、ゴンドラの落下等具体的に記入すること。
4 「その他の被災者の概数」の欄には、届出事業者の事業場の労働者以外の被災者の数を記入し、（　）内には死亡者数を内数で記入すること。
5 「建物」の欄には構造及び面積、「機械設備」の欄には台数、「原材料」及び「製品」の欄にはその名称及び数量を記入すること。
6 「事故の防止対策」の欄には、事故の発生を防止するために今後実施する対策を記入すること。
7 「参考事項」の欄には、当該事故において参考になる事項を記入すること。
8 この様式に記載しきれない事項については、別紙に記載して添付すること。
9 氏名を記載し、押印することに代えて、署名することができる。

様式第23号(第97条関係)(表面)

労働者死傷病報告

81001	労働保険番号(建設業の工事に従事する下請人の労働者が被災した場合、元請人の労働保険番号を記入すること。)	事業の種類
	14301888888(都道府県・所掌・管轄・基幹番号・枝番号・被一括事業場番号)	基礎工事業

事業場の名称(建設業にあつては工事名を併記のこと。)

カナ	マルヤマケンセツカブシキガイシャ
漢字	丸山建設株式会社
工事名	山口ビル新築工事

職員記入欄 派遣先の事業の労働保険番号(都道府県・所掌・管轄・基幹番号・枝番号・被一括事業場番号)

派遣労働者が被災した場合は、派遣先の事業場の郵便番号 □□□－□□□□

事業場の所在地	構内下請事業の場合は親事業場の名称、建設業の場合は元方事業場の名称	派遣労働者が被災した場合は、派遣先の事業場の名称	提出事業者の区分(派遣先・派遣元)
横浜市港南区日野6-7-8 電話 045(000)0000	大樹建設㈱		

郵便番号	労働者数	発生日時(時間は24時間表記とすること。)
234－0051	11人	7:平成 → 元号 年00 月00 日0 13時 42分

被災労働者の氏名(姓と名の間は1文字空けること。)	生年月日	性別
カナ: アシダ ミツヨシ	1:明治 3:大正 5:昭和 7:平成 → 7 年11 月2 日16 (30)歳	○男 女
漢字: 葦田 光良	職種 / 経験期間 年 月(いずれかに○)	

休業見込期間又は死亡日時(死亡の場合は死亡欄に○)	傷病名	傷病部位	被災地の場所
休業見込 02 (いずれかに○) 〇月 週 日 / 死亡 / 死亡日時	骨折	大腿骨	川崎市高津区諏訪0-0-00

災害発生状況及び原因
①どのような場所で②どのような作業をしているときに③どのような物又は環境に④どのような不安全な又は有害な状態があつて⑤どのような災害が発生したかを詳細に記入すること。

①ビルの根伐り開始前
②鋼鉄板をトラックからおろす作業
③地面に敷鉄板が敷いてあったが
すき間があったため敷板を敷いた。
④鋼鉄板をトラックの荷台から地切りして旋回しはじめたところ、左後ろのアウトリガーが敷板ごと地面に沈み込んで転倒し、オペレーターが負傷しました。

略図(発生時の状況を図示すること。)

職員記入欄: 起因物 / 店社コード / 業種分類 / 事故の型 / 発注者種類 / 事業場等区分 / 業務上疾病 1:該当 2:非該当 / 自由設定項目 (1) (2) (3)

報告書作成者職氏名: 安全環境課長 白木芳己

令和0年 00月 00日

事業者職氏名 丸山建設株式会社 代表取締役 丸山昭之 ㊞

川崎北 労働基準監督署長殿

受付印

様式第23号(第97条関係)(裏面)

備考

1　□□□で表示された枠(以下「記入枠」という。)に記入する文字は、光学的文字・イメージ読取装置(OCIR)で直接読み取りを行うので、この用紙は汚したり、穴をあけたり、必要以上に折り曲げたりしないこと。

2　記入すべき事項のない欄、記入枠及び職員記入欄は、空欄のままとすること。

3　記入枠の部分は、必ず黒のボールペンを使用し、枠からはみ出さないように大きめの漢字、カタカナ及びアラビア数字で明瞭に記入すること。

　なお、濁点及び半濁点は同一の記入枠に「ガ」「パ」等と記入すること。

4　「性別」、「休業見込」及び「死亡」の欄は、該当する項目に○印を付すこと。

5　「事業場の名称」の欄の漢字が記入枠に書ききれない場合は、下段に続けて記入すること。

6　派遣労働者が被災した場合、派遣先及び派遣元の事業者は、「提出事業者の区分」の欄の該当する項目に○印を付した上、それぞれ所轄労働基準監督署長に提出すること。

7　「経験期間」の欄は、当該職種について1年以上経験がある場合にはその経験年数を記入し、1年未満の場合にはその月数を記入し、該当する項目に○印を付すこと。

8　氏名を記載し、押印することに代えて、署名することができること。

様式第24号（第97条関係）

労 働 者 死 傷 病 報 告

1年 4月から 1年 6月まで

事業の種類	事業場の名称（建設業にあつては工事名を併記のこと。）	事業場の所在地	電話	労働者数
建設工事業	大角建設株式会社 都営00号線共同溝築造工事（その39）	東京都大田区雪谷大塚0-0-00	（03） 0000−0000	3

被災労働者の氏名	性別	年齢	職種	派遣労働者の場合は欄に○	発生月日	傷病名及び傷病の部位	休業日数	災害発生状況（派遣労働者が被災した場合は、派遣先の事業場名を併記のこと。）
松田健太郎	㊚・女	39歳	土工		4月19日	左足首捻挫	3	トラックの荷台からとびおりて左足首を捻挫しました。
	男・女	歳			月 日			
	男・女	歳			月 日			
	男・女	歳			月 日			
	男・女	歳			月 日			
	男・女	歳			月 日			
	男・女	歳			月 日			
	男・女	歳			月 日			

報告書作成者職氏名	労務課長 橋本道雄

令和0年 00月 00日

大角建設株式会社
事業者
代表取締役 大角力三郎 ㊞

大田 労働基準監督署長殿

備考

1 派遣労働者が被災した場合、派遣先及び派遣元の事業者は、それぞれ所轄労働基準監督署に提出すること。

2 氏名を記載し、押印することに代えて、署名することができる。

Q119

寄宿舎ではないのですが、会社事務所の２階に住まわせていた労働者が失火で負傷した場合、労災保険の取扱いはどうなるのでしょうか？

Answer.

業務上災害となる可能性が高いものです。

事業附属寄宿舎に居住している間の災害は、業務上災害となることが多いものですが、おたずねの場合、事業附属寄宿舎ではないものの会社が提供している住居にいる間に被災していることから、「事業主の支配下にある」状態での災害として、業務上災害になる可能性が高いものです。

なるべく早く所轄労働基準監督署に相談し、労働者死傷病報告の提出が必要といわれたのであれば早急に提出してください。また、当該労働者が療養のため休業が必要とされたのであれば、療養補償給付と休業補償給付について労災保険給付請求の手続を取ってください。

コラム 13

寄宿舎火災で7人死亡、社長を逮捕

しばらく前に、神奈川県内で建設業附属寄宿舎の火災により作業員7名が死亡する事故が発生しました。倉庫を改造したもので、構造の不備により逃げ遅れたものでした。

県警が社長の前科を調べたところ、労働安全衛生法違反で前科1犯でした。つい最近のことです。また、その前年、その会社が持っている他の寄宿舎に労働基準監督署の立入調査があり、改善すべき事項について多々指導を受けていました。にもかかわらず、お金がかかるからという理由でこの寄宿舎ではそれらの事項を改善せずに放置していたものでした。

そのため、県警は社長を逮捕しました。逮捕と同時に自宅と事務所の家宅捜索を実施し、関係書類と共に社長の手帳も押収しました。

1審、2審とも、「放火という事情を考慮しても、社長は労災かくしの前科を有しているし、すでに労働基準監督署からの指導も受けていながら是正していなかったので、極めて悪質、情状酌量の余地はない」として禁固6か月という、労働基準法違反としては極めて重い判決が出ました。

この社長、収監されたくない一心から最高裁に上告し、上告審の途中で亡くなりました。後日聞いた話ですと、また聞きなのでどこまで本当かわかりませんが、社長の手帳には「ム○キの野郎、ちくしょう」と書いてあったとか。労災かくしで送検したのが私だったためらしいとのことでした。

第9章

労働者派遣と偽装請負

概 要

建設業では、原則として労働者派遣は認められません。しかし、時としてその実態から労働者派遣と認定されることがあります。これが、表面上は請負契約なのに、実態が労働者派遣ということで偽装請負と呼ばれています。

偽装請負と認定されると、元請が労働安全衛生法違反等の責任を問われるばかりか、下請と共に職業安定法違反と労働者派遣法違反に問われることとなります。

本章では、それらの予防について述べます。

Q120
建設業では労働者派遣は、認められないのでしょうか？

Answer.
原則として認められません。

労働者派遣法第4条において、労働者派遣事業を行ってはならない場合として、「建設業務（土木、建築その他工作物の建設、改造、保存、修理、変更、破壊若しくは解体の作業又はこれらの作業の準備の作業に係る業務をいう。）」があげられています。

この業務は建設工事の現場において、直接にこれらの作業に従事するものに限られます。したがって、例えば、建設現場の事務職員が行う業務は、これに含まれません（労働者派遣事業関係業務取扱要領）。

反面、土木建築等の工事についての施工計画を作成し、それに基づいて、工事の工程管理（スケジュール、施工順序、施工手段等の管理）、品質管理（強度、材料、構造等が設計図書どおりとなっているかの管理）、安全管理（従業員の災害防止、公害防止等）等工事の施工の管理を行ういわゆる施工管理業務は、建設業務に該当せず労働者派遣の対象となる（同要領）とされています。

なお、工程管理、品質管理、安全管理等に遺漏が生ずることのないよう、請負業者が工事現場ごとに設置しなければならない専任の主任技術者及び監理技術者については、建設業法の趣旨に鑑み、適切な資格、技術力等を有する者（工事現場に常駐して専らその職務に従事する者で、請負業者と直接的かつ恒常的な雇用関係にあるものに限る。）を配置することとされていることから、労働者派遣の対象とはなりません（同要領）。

Q121

労働者供給事業とは、
どのようなことでしょうか？

Answer.

労働組合等がその事業を行うことができるもののことです。

「労働者供給」とは、供給契約に基づいて労働者を他人の指揮命令を受けて労働に従事させることをいい、労働者派遣法第2条第1号に規定する労働者派遣に該当するものを含みません（職業安定法第4条第7項）。

「労働者供給事業者」とは、同法第45条の規定により労働者供給事業を行う労働組合等をいいます（同条第10項）。

職業安定法では、「何人も、次条に規定する場合を除くほか、労働者供給事業を行い、又はその労働者供給事業を行う者から供給される労働者を自らの指揮命令の下に労働させてはならない。」と規定しています（同法第44条）。

その例外として、次条（同法第45条）では、「労働組合等が、厚生労働大臣の許可を受けた場合は、無料の労働者供給事業を行うことができる。」としています。

ここでいう「労働組合等」とは、労働組合法による労働組合その他これに準ずるものであって厚生労働省令で定めるものをいい（同法第4条第10項）、具体的には、次のいずれかに該当するものです（職業安定法施行規則第4条第5項）。

1．国家公務員法第108条の2第1項に規程する職員団体、地方公務員法第52条第1項に規定する職員団体又は国会職員法第18条の2第1項に規定する国会職員の組合

2．1に掲げる団体又は労働組合法第2条及び第5条第2項の規定に該当する労働組合が主体となって構成され、自主的に労働条件の維持改善その他経済的地位の向上を図ることを主たる目的とする団体（団体に準ずる組織を含む。）であって、次のいずれかに該当するもの

① 1の都道府県の区域内において組織されているもの

②①以外のものであって厚生労働省職業安定局長が定める基準に該当するもの

すなわち、一般企業（法人でない場合を含みます。）が労働者供給事業を行うことは認められません。

Q122

建設現場における偽装請負とは、どのようなことでしょうか？

Answer.

実態として労働者派遣又は労働者供給事業に当たる場合をいいます。

労働者派遣とは、A社に雇用された労働者（作業員）がB社（元請）の社員から直接指揮命令を受けて就労することをいいます。

建設工事現場ではそのようなことがありがちに思われますが、実際には、元請には元方安全衛生管理者（Q62参照）がいて、下請各社は

偽装請負とは

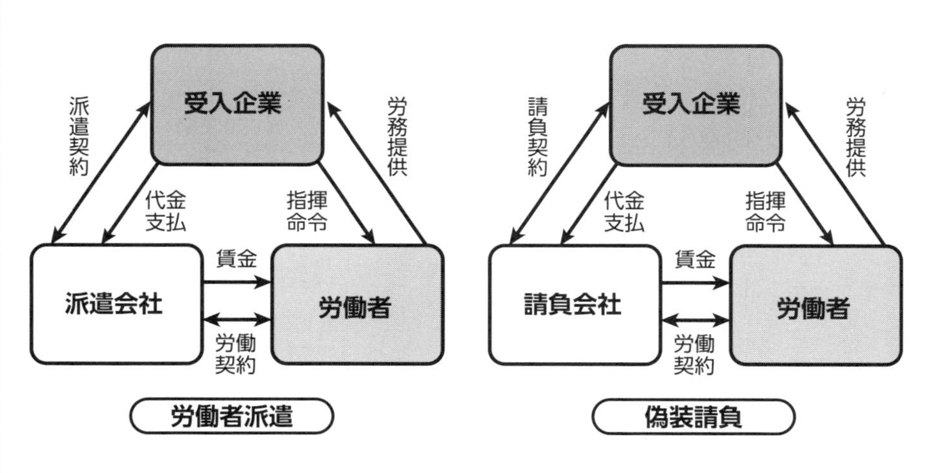

職長・安全衛生責任者がいるのが普通です（Q61参照）。ただし、規模の小さい現場ではいないこともあります。

そして、現場打ち合わせ会議（工程会議）や労働災害防止協議会（災防協）の場を通じて元請の指示が下請に伝えられるのが通常です。

ところが、細かい作業指示を元請から直接下請の労働者にしている実態が認められると、労働者派遣に当たることとなり、偽装請負、すなわち表面上は請負契約であるが実態は労働者派遣であるということになります。

その結果、職業安定法違反、労働者派遣法違反に問われることとなります。

この判定にあたっては、その下請が労働者派遣事業を営んでいるかどうか、労働者派遣事業の許可を受け又は登録しているかどうかに関係ないということに注意が必要です。

ところで、労働安全衛生法第29条では、「元方事業者は、関係請負人及び関係請負人の労働者が、当該仕事に関し、この法律又はこれに基づく命令の規定に違反しないよう必要な指導を行なわなければならない。」と定めています。この必要な指導のための指示は、偽装請負とはなりませんし、元請は必ず行わなければなりません。

さらに同条第2項では、「元方事業者は、関係請負人又は関係請負人の労働者が、当該仕事に関し、この法律又はこれに基づく命令の規定に違反していると認めるときは、是正のため必要な指示を行なわなければならない。」と定めており、同条第3項では、「前項の指示を受けた関係請負人又はその労働者は、当該指示に従わなければならない。」と定めています。

作業の指示ではなく、違反防止のための指示等であれば、偽装請負にはなりません。反面、そのような指示をしなければ元方事業者の責任が問われますので、その区別が重要です。

Q123

当社（下請）が偽装請負となった場合、どのような責任が生じるのでしょうか？

Answer.

偽装請負となった場合、当該下請業者は、職業安定法違反と労働者派遣法違反に問われます。

一方、元請は、それらの幇助という立場におかれます。

ただし、労働災害が発生した場合であって、労働安全衛生法違反が認められた場合には、当該元請が、元方規制違反の有無に関わりなく、被災した下請労働者を直接雇用していた場合と同様の「事業者責任」を問われ、送検の対象となります。

これは、偽装請負＝労働者派遣となることから、労働者派遣法第45条の読替規定により、当該派遣先の事業を行う者（元請）もまた当該派遣中の労働者を使用する事業者（労働安全衛生法上の事業者）とみなし、被災労働者を直接雇用する労働者とみなして、労働安全衛生法が適用されるためです。

この場合、その下請が労働者派遣事業を営んでいるかどうか、労働者派遣事業の許可を受け又は登録しているかに関係なく、そのように取り扱われるものです。

その結果、本来であれば元請は労働安全衛生法に定める特定元方事業者と注文者としての責任だけが問われるはずのところ、被災労働者を直接雇用していた場合の事業者責任が問われることとなります。

Q124

偽装請負と認定されないためには、どのようなことをしなければならないのでしょうか？（元請）

Answer.

下請の労働者に直接指揮命令をしないことです。あくまでも、当該下請の窓口というべき職長・安全衛生責任者を通じて指揮命令をすべきです。

ただし、次のような場合は差し支えないと考えられます。

1. 不安全行動が認められたので直接注意した。
2. 労働基準監督署の立入調査があった際、労働基準監督官の指摘事項をその場で該当する下請の労働者に直接伝え、改善を指示すること。

これは、労働安全衛生法第29条において元請が行うべきこととして定められているからです。

1. 元方事業者は、関係請負人及び関係請負人の労働者が、当該仕事に関し、この法律又はこれに基づく命令の規定に違反しないよう必要な指導を行なわなければならない。
2. 元方事業者は、関係請負人又は関係請負人の労働者が、当該仕事に関し、この法律又はこれに基づく命令の規定に違反していると認めるときは、是正のため必要な指示を行なわなければならない。
3. 前項の指示を受けた関係請負人又はその労働者は、当該指示に従わなければならない。

なお、職業安定法等に定める基準については、Q120とQ121を参照してください。

Q125

偽装請負と認定されないためには、どのようなことをしなければならないのでしょうか？（下請）

Answer.

安全衛生管理を元請任せとせず、自社の労働者に関する法令に定める事項の遵守を自主的に行うことです。

「労働者派遣事業と請負により行われる事業との区分に関する基準（昭和61年労働省告示37号）」において労働者派遣事業に当たるかどうかの基準が、職業安定法施行規則第4条において労働者供給事業に当たるかどうかの基準が次のように示されています。

○労働者派遣

請負の形式による契約により行う業務に自己の雇用する労働者を従事させることを業として行う事業主であっても、当該事業主が当該業務の処理に関し次の各号のいずれにも該当する場合を除き、労働者派遣事業を行う事業主とする。

1. 次のイ、ロ及びハのいずれにも該当することにより自己の雇用する労働者の労働力を自ら直接利用するものであること。

   イ．次のいずれにも該当することにより業務の遂行に関する指示その他の管理を自ら行うものであること。

   ①労働者に対する業務の遂行方法に関する指示その他の管理を自ら行うこと。

   ②労働者の業務の遂行に関する評価等に係る指示その他の管理を自ら行うこと。

   ロ．次のいずれにも該当することにより労働時間等に関する指示その他の管理を自ら行うものであること。

① 労働者の始業及び終業の時刻、休憩時間、休日、休暇等に関する指示その他の管理（これらの単なる把握を除く。）を自ら行うこと。

② 労働者の労働時間を延長する場合又は労働者を休日に労働させる場合における指示その他の管理（これらの場合における労働時間等の単なる把握を除く。）を自ら行うこと。

ハ．次のいずれにも該当することにより企業における秩序の維持、確保等のための指示その他の管理を自ら行うものであること。

① 労働者の服務上の規律に関する事項についての指示その他の管理を自ら行うこと。

② 労働者の配置等の決定及び変更を自ら行うこと。

2．次のイ、ロ及びハのいずれにも該当することにより請負契約により請け負った業務を自己の業務として当該契約の相手方から独立して処理するものであること。

イ．業務の処理に要する資金につき、すべて自らの責任の下に調達し、かつ、支弁すること。

ロ．業務の処理について、民法、商法その他の法律に規定された事業主としてのすべての責任を負うこと。

ハ．次のいずれかに該当するものであって、単に肉体的な労働力を提供するものでないこと。

① 自己の責任と負担で準備し、調達する機械、設備若しくはは器材（業務上必要な簡易な工具を除く。）又は材料若しくは資材により、業務を処理すること。

② 自ら行う企画又は自己の有する専門的な技術若しくは経験に基づいて、業務を処理すること。

○労働者供給事業（職業安定法施行規則第4条）

次の各号のすべてに該当する場合を除き、労働者供給の事業を行う者とする。

1. 作業の完成について事業主としての財政上及び法律上の全ての責任を負うものであること。
2. 作業に従事する労働者を、指揮監督するものであること。
3. 作業に従事する労働者に対し、使用者として法律に規定された全ての義務を負うものであること。
4. 自ら提供する機械、設備、器材（業務上必要な簡易な工具を除く。）若しくはその作業に必要な材料、資材を使用し又は企画若しくは専門的な技術若しくは専門的な経験を必要とする作業を行うものであって、単に肉体的な労働力を提供するものでないこと。

Q126

現場の安全衛生管理は、元請責任ではないのでしょうか？

Answer.

特定元方事業者と注文者としての責任は元請にありますが、下請には労働安全衛生法でいう事業者責任があり、そのほうは範囲が広いので、実質的には、下請に責任がある例が多いものです。

特定元方事業者として実施しなければならないのは、次の事項です（労働安全衛生法第30条第1項）。

1. 協議組織の設置及び運営を行うこと。（労働災害防止協議会）
2. 作業間の連絡及び調整を行うこと。
3. 作業場所を巡視すること。
4. 関係請負人が行う労働者の安全又は衛生のための教育に対する指導及び援助を行うこと。
5. 仕事を行う場所が仕事ごとに異なることを常態とする業種で、厚生労働省令で定めるものに属する事業を行う特定元方事業者にあっては、仕事の工程に関する計画及び作業場所における機械、設備等の配置に関する計画を作成するとともに、当該機械、設備等を使用する作業に関し関係請負人がこの法律又はこれに基づく命令の規定に基づき講ずべき措置についての指導を行うこと。
6. 1から5に掲げるもののほか、当該労働災害を防止するため必要な事項

元方事業者は、関係請負人及び関係請負人の労働者が、当該仕事に関し、この法律又はこれに基づく命令の規定に違反しないよう必要な指導を行わなければなりません（同法第29条第1項）。

また、元方事業者は、関係請負人又は関係請負人の労働者が、当該仕事に関し、この法律又はこれに基づく命令の規定に違反していると認めるときは、是正のため必要な指示を行わなければなりません（同条第２項）。

この指示を受けた関係請負人又はその労働者は、当該指示に従わなければなりません（同条第３項）。

なお、元方事業者が行うべき事項は労働安全衛生規則第634条の2から第664条に定められています。

Q127
現場で労災事故が発生した場合、下請が検挙（送検）される場合があるのでしょうか？

Answer.

検挙（送検）されることのほうが多くあります。

労働基準監督署は、特定元方事業者責任と注文者としての責任を調べた上で、当該労働者を雇用していた下請に事業者としての法違反がないかどうかを調べます。

その結果、元請に労働安全衛生法違反がない場合で、下請にのみ法違反が認められれば、その下請だけが送検されることとなります。

ところで、足場や型枠支保工のように、元請にも下請にも同じ規制がかけれられているものがあり、両社が同時に送検されることもあります。この場合、違反条文は異なります。

平成27年（2015年）7月1日以降、足場の手すりを業務の都合等で外した場合、復旧義務が規定されました。この場合、被災労働者を雇用している事業者と共に、復旧しなかった下請が合わせて検挙されることになります。

なお、偽装請負と判定されると、送検の仕方が変わりますので、Q123を参照してください。

コラム 14

労災保険からの費用徴収で社長が夜逃げ

横浜市内のある超高層ビル建築工事現場において、死亡災害が発生しました。三次下請のとびの会社の 20 代後半の作業員が亡くなりました。作業構台（乗り込み構台）を組立中に、覆工板をはぐった開口部から墜落したものでした。

調べの結果、作業員は全員安全帯（現在の墜落制止用器具）を着用してはいたものの、フックをかける場所（設備）がなかったのです。労働安全衛生規則第 521 条の「事業者は、高さが 2 メートル以上の箇所で作業を行なう場合において、労働者に安全帯等を使用させるときは、安全帯等を安全に取り付けるための設備等を設けなければならない。」の違反で、下請業者のみが送検されました。元方規制がなかったからです。

罰金は 30 万円程度で済んだのですが、労災保険からの費用徴収（求償）が数百万円に及び、2 年後に社長は夜逃げしました。残された労働者は、労働基準監督署において未払賃金の立替払の手続をとるに至りました。つくづく労働基準監督署のお世話になった経営者でした。

Q128
オペ付きリースと労働者派遣の関係は、どうなるのでしょうか？

Answer.
オペ付きリースは労働者派遣には該当しません。

次の機械等をリースする業者を労働安全衛生法では「機械等貸与者」として、特別の規制をしています。

1．つり上げ荷重が 0.5 トン以上の移動式クレーン

2．車両系建設機械

3．不整地運搬車

4．作業床の高さが２メートル以上の高所作業車

このうち移動式クレーンは、特に高額な機械等であることと、操作に熟練を要することから、工事現場で壊されたりすると多額の損害を被ることもあり、リース業者は運転手（移動式クレーン運転士）付きで現場に派遣するのが通例です。これがオペ付きリースといわれるものです。

オペ付きリースは、本来、移動式クレーンの賃貸契約であり、建設工事の請負契約ではありません（労働安全衛生法上の扱い）。そのため、リース会社は労働基準監督署では下請として見ていません。運転手が機械と一緒に現場に来たとしても、労働者派遣には該当せず、被災した場合も現場の労災保険の適用は原則としてありません。

なお、事案によって取扱いが異なる場合がありますので、具体的な事例についてはその都度所轄労働基準監督署にご相談ください。国土交通省は建設業法に基づきオペ付きリース業者を「下請」として扱っています。

Q129

車輛誘導や通行人の警備をする警備員は、労働者派遣ではないのでしょうか？

Answer.

一般的にいって労働者派遣ではなく、業務委託であることがほとんどです。

このため、通常の下請のような請負契約ではないことから、警備員には現場の労災保険の適用はありません。警備会社の労災保険が適用されます。

もっとも、現場の労災保険から給付はされなかったとしても、死亡災害となる例もあり、労働基準監督署としては、その工事現場で起きた死亡災害との評価をしているようです。

第10章
外国人
労働者

概要

以前ほど工事現場では外国人労働者を見かけなくなりました。不法就労助長罪が適用されていることと、発注者、特に公共工事では、不法就労外国人を入れないよう強い指導がされているからです。

外国人労働者を雇うことができる場合とそうでない場合について、きちんと知っておくことは重要です。平成29年(2017年)11月施行の外国人技能実習法と平成31年（2019年）4月1日施行の特定技能1号と特定技能2号についても違いを理解しておきましょう。

本章では、外国人労働者の使用に係る基本的事項を説明しています。

Q130
外国人労働者を雇い入れることはできないのでしょうか？

Answer.
いわゆる就労ビザがあれば雇い入れることができます。

また、特別永住者は特段の就労制限はありません。そのほか、Q16で述べたように、外国人であっても就労についての制限がない人もいますので、そのような人を雇い入れることは可能です。平成31年（2019年）4月1日から新たな在留資格が創設されました。

ところで、すべての事業主は、外国人（特別永住者を除く。）労働者を雇用した時と離職の際、その氏名、在留資格、在留期間等をハローワーク（公共職業安定所）に届け出なければならないこととされています。

Q131

在留カードを持っていれば雇い入れてもよいのでしょうか？

Answer.

それだけでは不十分です。

ポイント 1 「在留カード」が交付されます

■「在留カード」はどういうカード？

在留カードは，中長期在留者に対し，上陸許可や，在留資格の変更許可，在留期間の更新許可などの在留に係る許可に伴って交付されるものです。

※ 在留カードには偽変造防止のためのＩＣチップが搭載されており，カード面に記載された事項の全部又は一部が記録されます。

（カード表面）

日本国政府 GOVERNMENT OF JAPAN　在留カード RESIDENCE CARD　番号 AB12345678CD

氏名 NAME　TURNER ELIZABETH

生年月日 DATE OF BIRTH　1985年12月31日　性別 SEX　女 F.　国籍・地域 NATIONALITY/REGION　米国

在留資格 STATUS　留学 College Student

就労制限の有無　就労不可

在留期間（満了日） PERIOD OF STAY (DATE OF EXPIRATION)　4年3月（2018年10月20日）

許可の種類　在留期間更新許可（東京入国管理局長）

許可年月日 2014年06月10日　交付年月日 2014年06月10日

このカードは 2018年10月20日まで有効 です。

法務大臣

見本・SAMPLE

（カード裏面）

住居地記載欄

届出年月日	住居地	記載者印
2014年12月1日	東京都港区港南5丁目5番30号	東京都港区長

資格外活動許可欄：許可：原則週28時間以内・風俗営業等の従事を除く

在留期間更新等許可申請欄：在留資格変更許可申請中

在留期間更新許可申請・在留資格変更許可申請をしたときに，これらの申請中であることが記載される欄です。

※申請後，更新又は変更の許可がされたときは，新しい在留カードが交付されます。

在留カードの交付を伴う各種申請・届出には次の規格の写真が必要となります

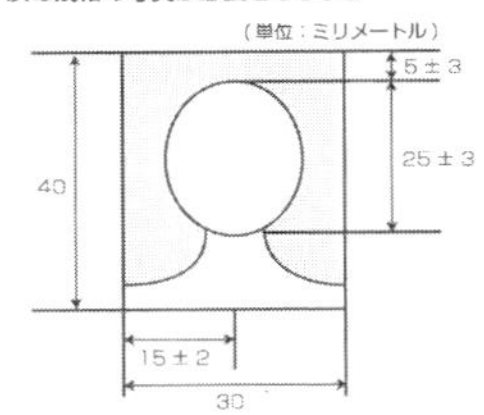

1　申請人本人のみが撮影されたもの
2　縁を除いた部分の寸法が，上記図画面の各寸法を満たしたもの（顔の寸法は，頭頂部（髪を含む。）からあご先まで）
3　無帽で正面を向いたもの
4　背景（影を含む。）がないもの
5　鮮明であるもの
6　提出の日前3か月以内に撮影されたもの

在留カードには『有効期間』があります

在留カードの有効期間は，次のとおりです。

永住者

１６歳以上の方	交付の日から７年間
１６歳未満の方	１６歳の誕生日まで

永住者以外

１６歳以上の方	在留期間の満了日まで
１６歳未満の方	在留期間の満了日又は１６歳の誕生日のいずれか早い日まで

在留カードの「在留資格」の欄を見てください。
在留カードを持っていない場合には不法滞在です。また、持っている場合には在留資格について、Q16 を見てください。

第10章
外国人労働者

ポイント2　在留期間が最長5年になります

在留期間の上限が最長「5年」となったことにより，各在留資格に伴う在留期間が次のように追加されます。

主な在留資格	在留期間（赤字は新設されるもの）
「技術」，「人文知識・国際業務」等の就労資格（「興行」，「技能実習」を除く）	5年，3年，1年，3月（注）
「留学」	4年3月，4年，3年3月，3年，2年3月，2年，1年3月，1年，6月，3月（注）
「日本人の配偶者等」，「永住者の配偶者等」	5年，3年，1年，6月

（注）　当初から3月以下の在留を予定している場合があることから，新たに「3月」の在留期間を設けています。この場合，新しい在留管理制度の対象とはならず，在留カードは交付されません。

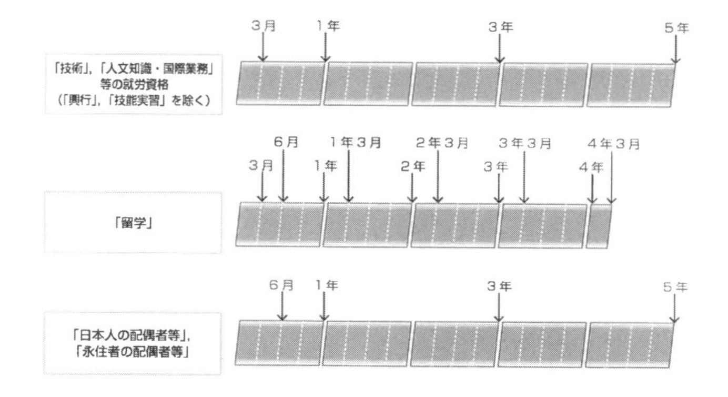

Q132

外国人の技能実習生と研修生の違いは、
どのようなことでしょうか？

Answer.

**労働基準法では、技能実習生は労働者であり、
研修生は労働者ではありません。**

技能実習生は、労働基準法上の労働者に該当します。したがって、労働関係諸法令の適用があります。

外国人研修生は、労働基準法上の労働者に該当しませんが、平成29年（2017年）11月1日施行の外国人の技能実習の適正な実施及び技能実習生の保護に関する法律（略称「外国人技能実習法」）により、建設工事現場において外国人研修生を使うことは事実上できなくなりました。また、技能実習の適正な実施及び技能実習生の保護に関する基本方針（平成29年法務省・厚生労働省告示第1号）に規定する技能実習の適正な実施および技能実習生の保護を図るための施策に関する事項に留意する必要があります。

以下、それぞれについて説明します。

外国人技能実習生

外国人技能実習生を使用するには、技能実習生ごとに技能実習計画を作成し、外国人技能実習機構からその認定を受けなければなりません。外国人技能実習機構は厚生労働省と法務省が所管する認可法人です。東京に本部を置くほか、全国で13か所（札幌、仙台、東京、水戸、長野、名古屋、富山、大阪、広島、高松、松山、福岡、熊本）の地方事務所・支所があります。

外国人を外国人技能実習生として使用するためには、送出国政府から認定された送出機関から受け入れる必要があり、それ以外の機関か

らの実習生受入は認められません。

また、技能実習の実施者は、同機構の地方事務所・支所に実習実施機関として届出を行う必要があります。

団体監理型の技能実習を行う場合には、監理団体の許可申請を同機構の本部に行って、その許可を受けなければなりません。建設業ではこの形態が主流です。

外国人研修生

在留カードの在留資格には「研修」がありますから、外国人研修生制度は残っています。

研修には、実務研修を含まず非実務研修のみで行われる場合と、実務研修を含む場合とがありますが、いずれも次の要件に該当するものに限定されていますので、これらに該当するようにしてください。

◯実務研修を含まず非実務研修のみで行われる場合

1. 技能等が同一作業の反復のみによって修得できるものではないこと。
2. 年齢が18歳以上で帰国後に修得した技能等を要する業務に従事することが予定されていること。
3. 住所地において修得することが困難な技能等を修得しようとすること。
4. 受入れ機関の常勤職員で、修得技能等につき5年以上の経験を有する研修指導員がいること。
5. 研修継続不可能な場合は、直ちに、受入れ機関が地方入国管理局に当該事実及び対応策を報告すること。
6. 受入れ機関又はあっせん機関が研修生の帰国旅費の確保などの措置を講じていること。

7．受入れ機関が研修の実施状況に係る文書を作成し備え付け、研修終了日から１年以上保存すること。

などの要件を充足していることが求められるほか、不正行為に関する規定、受入れ機関の経営者、管理者、研修指導員などに関する欠格事由の規定があります。

なお、今回の改正では、非実務研修の定義がより具体的に規定され、たとえば、試作品製作実習については、商品を生産する場所とあらかじめ区分された場所又は商品を生産する時間とあらかじめ区分された時間において行われるものを除き、非実務研修に該当しないこととされました。

○実務研修を含む場合

実務研修を含む研修は、公的研修として認められる研修に限定され、「研修」の上陸基準省令第５号において、次のものがあげられています。

1．国、地方公共団体の機関又は独立行政法人が自ら実施する研修

2．独立行政法人国際観光振興機構の事業として行われる研修

3．独立行政法人国際協力機構（JICA）の事業として行われる研修

4．独立行政法人石油天然ガス・金属鉱物資源機構石油開発技術センターの事業として行われる研修

5．国際機関の事業として行われる研修

6．上記の１から５に掲げるもののほか、我が国の国、地方公共団体等の資金により主として運営される事業として行われる研修で、受入れ機関が次のすべてに該当するとき。

①研修生用の宿泊施設及び研修施設を確保していること。

②生活指導員を置いていること。

③研修生の死亡、疾病等に対応する保険への加入などの保障措置を講じていること。

④研修施設について安全衛生上の措置を講じていること。

7．外国の国、地方公共団体等の常勤の職員を受け入れて行われる研修

①受入れ機関が上記６の付加的要件のすべてに該当していること。

8．外国の国、地方公共団体に指名された者が、我が国の国の援助及び指導を受けて行われる研修で、次のすべてに該当するとき。

①申請人が住所地において技能等を広く普及する業務に従事していること。

②受入れ機関が上記６の付加的要件のすべてに該当していること。

9．なお、これらの公的研修を行う場合であっても、上記「◯実務研修を含まず非実務研修のみで行われる場合」の１から７までの要件や不正行為に関する規定、受入れ機関の経営者、管理者、研修指導員、生活指導員などに関する欠格事由の規定も適用されます。

以上のことは、これまで外国人研修生は労働基準法上の労働者に該当しないということから、最低賃金を下回る額の支払いのみで実態は労働者として使用している例が多いなど、外国人労働者の保護に欠ける面が多々認められたため、そのような弊害を除く目的で改正されたものです。

Q133
新たな在留資格を創設するとの政府の発表がありましたが、建設業ではどうなのでしょうか？

Answer.
入管法の改正により、「特定技能１号」と「特定技能２号」が創設されました。

特定技能１号とは、特定産業分野に属する相当程度の知識又は経験を必要とする技能を要する業務に従事する外国人向けの在留資格です。

特定技能２号は、特定産業分野に属する熟練した技能を要する業務に従事する外国人向けの在留資格です。

特定産業分野としての建設業には、平成31年（2019年）からの向こう５年間で最大４万人を受け入れる見込とされています。これには11の試験区分が設けられ、型枠施工、左官、コンクリート圧送、トンネル推進工、建設機械施工、土工、屋根ふき、電気通信、鉄筋施工、鉄筋継手と内装仕上げ・表装があります。

受入れに当たっては、技能と日本語の試験に合格しなければなりません。これは、国外試験です。ただし、技能実習２号を良好に終了した外国人には、この試験は免除されます。

特定技能１号と２号の外国人の入国・在留手続は、法務省の各入国在留管理庁（従来の入国管理局）が行います。

特定技能１号のポイント

○ 在留期間：１年、６か月又は４か月ごとの更新、通算で上限５年まで
○ 技能水準：試験等で確認（技能実習２号を修了した外国人は試験等免除）
○ 日本語能力水準：生活や業務に必要な日本語能力を試験等で確認（技能実習２号を修了した外国人は試験等免除）
○ 家族の帯同：基本的に認めない
○ 受入れ機関又は登録支援機関による支援の対象

特定技能２号のポイント

○ 在留期間：３年、１年又は６か月ごとの更新
○ 技能水準：試験等で確認
○ 日本語能力水準：試験等での確認は不要
○ 家族の帯同：要件を満たせば可能（配偶者、子）
○ 受入れ機関又は登録支援機関による支援の対象外

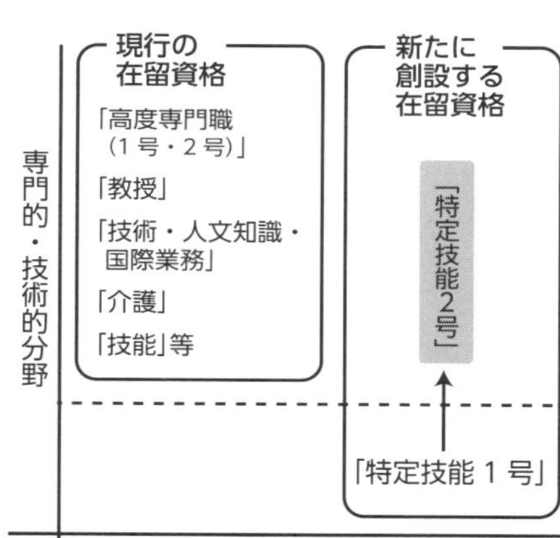

○受入れ機関の基準

建設会社が特定技能の外国人を受け入れるためには、受入れ機関としての基準が次のように定められていますので、これを守らなければなりません。

１．外国人と結ぶ雇用契約が適切であること（例：報酬額が日本人と同等以上）

2. 機関自体が適切であること（例：５年以内に出入国・労働法令違反がない）

3. 外国人を支援する体制があること（例：外国人が理解できる言語で支援できる）

4. 外国人を支援する計画が適切であること（例:生活オリエンテーション等を含む）

○受入れ機関の義務

受入れ機関としての義務が次のとおり定められています。

1. 外国人と結んだ雇用契約を確実に履行すること（例・報酬を適切に支払う）

2. 外国人への支援を適切に実施すること（支援については、登録支援機関に委託することも可能です。全部委託すれば、上記の受入れ機関の基準の３も満たすことになります。）

3. 出入国在留管理庁への各種届出をすること

この１から３の義務を怠ると外国人を受け入れられなくなるほか、出入国在留管理庁から指導、改善命令等を受けることがあります。

登録支援機関とは、出入国在留管理庁に登録した団体であって、外国人を支援する業務を行うものです。外国人を使用する受入れ機関は、登録支援機関へ支援委託をすることになります。

なお、特定技能１号と２号の場合、監理団体を通さず独立の労働者として雇用される立場にありますから、同じ仕事をしている日本人労働者と比較して待遇が悪いと感じると、自分の意志で他社へ転職することとなりかねません。

Q134
不法就労助長罪とは、
どのようなことなのでしょうか？

Answer.
**不法滞在者等を雇うことや、
就労をあっせんすることです。**

「事業活動に関し」「外国人に不法就労活動をさせた」者や、外国人に不法就労活動をさせるためこれを「自己の支配下に置いた」者等が処罰の対象とされていて、罰則は、3年以下の懲役若しくは300万円以下の罰金、又はその両方とされています（出入国管理及び難民認定法第73条の2第1項第1号）。

なお、平成27年（2015年）から実施されている「外国人建設就労者受入事業」があります。この場合は、「適正管理計画」を作成し、国土交通大臣の認定を受けるなどの要件がありますので、この点についてもご注意ください。

Q135

外国人労働者にも労働条件通知書を渡す必要があるのでしょうか？

Answer.

労働条件通知書を渡す必要があります。

労働基準法では、労働者の雇入れ時に労働条件のうち一定の事項については、文書で渡さなければならないと定めています（第２章のQ19を参照してください。）。

外国人だからということで労働基準法が適用されないわけではありません。問題は、外国語で書いたものを渡すことができるかどうかということです。

ということは、不法滞在でなく、かつ、就労資格があるとして、その労働者の国の言葉を雇い入れる側が知っているかどうかということです。

なお、財団法人国際研修協力機構（JITCO（「ジツコ」と読みます。））では、技能実習制度利用企業向けに「雇用・労働条件管理ハンドブック」を出しているほか、外国人向けモデル労働条件通知書の各国語版（日本語ひらがな、中国語、英語、インドネシア語、ベトナム語）を公開していますから、参考にしてください。

Q136
現場で外国語の注意書又は看板を用意しなければならないのでしょうか？

Answer.

看板を用意すべきです。

その 外国人労働者が、日本語の読み書きができればよいのですが、できない場合が少なくありません。

「立入禁止」とか、「関係者以外立入禁止」といったことや、クレーン等でつり上げている荷の下には入ってはいけないなどといったこと、あるいは喫煙場所以外の場所での喫煙禁止といったことなどをその外国語で表示すべきです。

なお、文字の読めない外国人に留意してください。

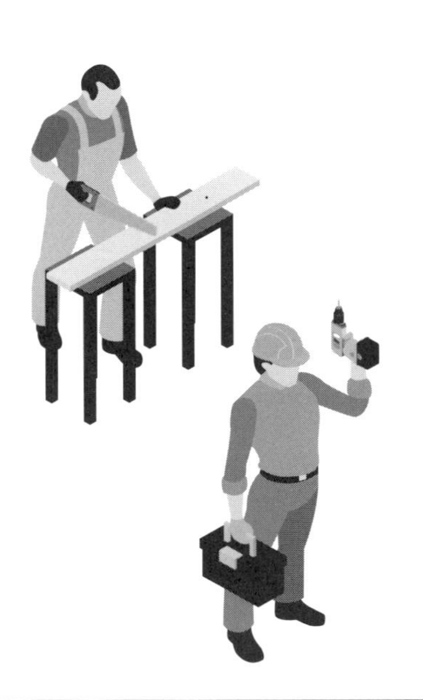

Q137

なかなか日本語を覚えない労働者がいますが、どのようにすべきなのでしょうか？

Answer.

日本語の習得が困難な場合は、他の職業を探してもらうことも必要かもしれません。

中南米から日系人という触れ込みで来日している外国人労働者の一部をはじめ、一部の外国人労働者の中には出稼に来ているにもかかわらず、日本語を覚えようとしない労働者が確かにいます。このような人たちは、職場のルールや、住まいでのルールも守らない傾向が強いものです。

また、仕事の技能に関わる部分でも進歩しようという気力に乏しい場合が少なくありません。

単に日本語を覚えないということではなく、その結果としてそれなりの技能を身に着けつつあるのかどうかということや、現場の安全衛生管理に関わる部分での不具合がないかどうかを検討する必要があります。

それらの結果によっては、その労働者にとっては建設工事現場での仕事が合わないのでしょうから、他の職業を探すように促すことも必要となりましょう。

Q138

外国人労働者が現場で労災事故にあった場合、労災保険はどのようになるのでしょうか？

Answer.

通常の日本人が被災した場合と同様に扱われます。

また、休業した場合には、労働者死傷病報告を遅滞なく所轄労働基準監督署に提出しなければなりません。

なお、不法滞在や不法就労であっても、実態として労働者として就労していて被災した場合には労災保険給付の対象となりますから、安易に労災かくしに走らないように災害発生時には、直ちに労働基準監督署に相談してください。

労災保険で治療を受けることで早めの社会復帰が期待できるような場合でも、労災保険を使わないことで医療機関が疑念を抱くと、十分な治療を受けられないこともないではありません。

Q139

外国人雇用状況の届出とは、どのようなものなのでしょうか？

Answer.

外国人を雇用している事業所は、所轄公共職業安定所（ハローワーク）に対し、外国人の雇入れ、離職の際に、その氏名、在留資格などについて確認し、届け出ることとされています（雇用対策法第 28 条）。

外国人の雇用には、当該事業所が直接外国人を労働者として雇い入れている「直接雇用」場合と、外国人が労働者派遣、請負等により事業所内で就労している場合（間接雇用）とがあります。届出は、両方とも必要とされています。

外国人であると容易に判断できるのに届け出なかった場合には、ハローワークからの指導、勧告の対象になるとともに、30 万円以下の罰金の対象とされています。

コラム15

ヘルメットを前後反対にかぶっている作業員

以前、ある公共工事の現場に立入調査に行きました。少し離れたところで作業をしている労働者の様子が変です。

話しかけてみると、どうやら日本人ではないようでした。私から離れていこうとするので、元請の社員に行かせないように指示しました。不法就労外国人でした。よく見るとヘルメットを前後逆にかぶっていました。これが様子が変に見えた原因のようでした。

後日元請の幹部を呼び、「公共工事で不法就労外国人を使っていて、万一労災事故が発生したら大変なことになるのでは」と説明しました。日本語もそれほど流ちょうではなく、現場監督の指示をどの程度理解しているかも疑問でした。

今日では、ゼネコン各社の取組のおかげで不法就労外国人を工事現場で見かけることはほとんどなくなりましたが、労災事故が発生したらと考えると、引き続き関係者の御尽力をお願いしたいところです。

第11章

労災事故と労働者死傷病報告

概 要

建設業は、比較的労災事故発生率が高い業種です。また、一旦災害が発生した場合に、死亡災害等の重篤な災害につながることが少なくありません。

その場合、法令上どのような手続を要するか、きちんと知っている必要があります。

本章では、この点について説明しています。

なお、労災保険に関する事項は、拙著「建設現場の労災保険の基礎知識 Q&A」に詳しく書かれていますので、ここでは基本的なことだけにとどめています。

Q140

労働者死傷病報告は、どのような場合に提出しなければならないのでしょうか？

Answer.

労働者が労災又は就業中の負傷・中毒等により死亡し又は休業をしたときです。

次のいずれかの場合に所轄労働基準監督署長に提出しなければなりません（労働安全衛生規則第97条）。

労災事故の場合は当然その対象ですが、労災になるかどうかがわからないものであってこの報告の対象となるものの例としては、次のような場合があげられます。

1. 勤務終了後、職場内で死亡していたところを発見された。
2. 外勤中に脳・心臓疾患や熱中症で倒れて入院した。
3. 会議中に脳・心臓疾患を発症して入院した。
4. 外勤中に鉄道自殺した。

なお、寄宿舎で一定の事故等が発生した場合については、第8章のQ118を参照してください。

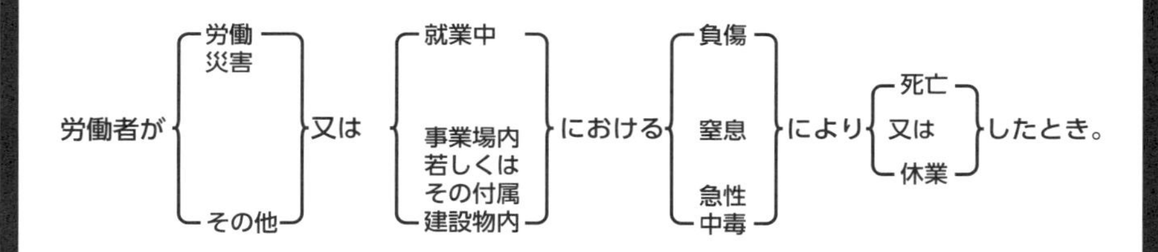

Q141

「労災かくし」とは、
どのようなことをいうのでしょうか？

Answer.

労働者死傷病報告を提出しなければならないときに、遅滞なく提出せず、又は虚偽の内容を記載して提出したものをいいます。

労働安全衛生規則第97条では、「事業者は、労働者が労働災害その他就業中又は事業場内若しくはその附属建設物内における負傷、窒息又は急性中毒により死亡し、又は休業したときは、遅滞なく、様式第23号による報告書を所轄労働基準監督署長に提出しなければならない。」と規定しています。

この規定の詳細はQ123を参照してください。これは、労働安全衛生法第100条を受けての規定です。

同法第120条では、50万円以下の罰金に処する場合として、「第100条第1項又は第3項の規定による報告をせず、若しくは虚偽の報告をし、又は出頭しなかつた者」と規定しています。これが労災かくしです。

労災かくしが発覚したときに、ほとんどの場合労働基準監督署が検挙し、検察庁に労働安全衛生法違反で送致します。

検察庁は、起訴猶予にすることはめったになく、ほとんどの場合に罰金刑を科します。

それは、労働者死傷病報告は、「労働災害その他」の場合に提出しなければならないとあるように、労災事故かどうかを限定していません。

事故の報告を得て労働基準監督署が実地に調査をするかどうかを判断する契機としての意味があるのです。

実地調査の結果、機械等や原材料等のメーカーや流通業者に対して指導をすることもありますし、法令改正のきっかけとなることもあります。そのような調査の端緒としての労働者死傷病報告の制度を守るため、罰則の適用が厳しいものです。

なお、提出義務があるのは、被災労働者を雇用している企業です。

個人事業主の場合はその個人です。

下請労働者の災害については、元請には提出義務がありません。ただし、違反しないように指導する義務があります（同法第29条）。

Q142
「労災かくし」に対する処罰は、どのようなものなのでしょうか？

Answer.

50 万円以下の罰金です。

労働安全衛生法第 120 条では、50 万円以下の罰金に処する場合として、「第 100 条第 1 項又は第 3 項の規定による報告をせず、若しくは虚偽の報告をし、又は出頭しなかつた者」と規定しています。これが労災かくしです。

罰金は、労災かくしをした個人に対して課せられると共に、両罰規定の適用により法人に対しても課せられます（労働安全衛生法第 122 条）。

罰金といえども刑罰ですから、当該個人と法人には前科が付きます。

労働基準監督署や警察署から事件送致を受けた検察庁では、検察官が起訴をするかどうかを決定します。

違反はあるけど処罰までは必要ないと判断すれば、起訴猶予となります。

死亡災害などの場合、被害労働者の遺族等が検察審査会に申立をして「起訴相当」の決定を受けることもあります。

しかし、労災かくし事案については、よほどのことがない限り、初犯であって前科が全くなくても、起訴されることが非常に多いものです。

それは、労働者死傷病報告の正確かつ迅速な提出により、労働基準監督署が立入調査をし、場合によっては法令改正につながるなど、その制度を重視しているからです。

Q143
「労災かくし」の場合、怪我が治りにくいと聞きますが、なぜでしょうか？

Answer.

医療機関がきちんと治療しない場合があるからです。

労災かくしの場合、労災保険で治療を受けないことが結構あります。労災保険を使うことによって労働基準監督署が調査に来るといやだという思いから、健康保険や国民健康保険で治療を受ける事例があります。元請の労災保険を使うことから、災害を起こしたことにより、次から仕事がもらえなくなると困るということもあるようです。

健康保険や国民健康保険では、労災保険から給付されるべき場合（事案）には給付をしないと定められています。

病院といえども慈善事業ではないので、治療費が受け取れないようなことを避けようとします。

その結果、労災事故らしいとの印象を医療機関が抱けば、健康保険等からは支払われないので（うっかり支払われても後日回収となる）、それを避けるために、ほとんど治療をしないということが生じます。

きちんと治療をしないと、完治までの日数がかなりかかると共に、思わぬ後遺障害が残ることがあります。

十分な治療をして、被災者を一日も早く社会復帰させるためには、労災保険による治療を受けさせることが重要です。

なお、平成25年（2013年）10月1日から、健康保険の被保険者又は被扶養者の業務上の負傷等について、労災保険の給付対象とならない場合（事業主等）には、原則として、健康保険の給付対象とされました。

Q144

通勤災害の場合には、労働者死傷病報告は提出しなくてもよいのでしょうか？

Answer.

基本的にはそのとおりですが、業務災害に当たる場合がありますから、具体的な事案について労働基準監督署に相談したほうがよいでしょう。

通勤途中での業務災害に当たる場合としては、次のような場合があります（昭25.5.9基発32号ほか）。

1. マイカーに事業主の暗黙の指示等により他の労働者を同乗させているときの災害
2. 会社の車を運転して通勤しているときの災害
3. 会社のマイクロバスで労働者を送迎中の災害（乗車中の者を含む。）
4. マイカーに仕事で使う材料や機材を積んで走行しているときの災害

Q145

現場の労災保険を使うと元請に迷惑がかかるので、国民健康保険で治療してもよいのでしょうか？

Answer.

労災保険給付の対象となるものについては、国民健康保険は使えません。

現場で労災事故が発生すると、元請の労災保険を使わなければなりません。これは、建設業については、「災害補償については、その元請負人を使用者とみなす。」とする労働基準法第87条第1項の規定に基づくものです。

実際には、労災事故が発生すると、公共工事などでは発注者が元請に対してマイナス点を付けたりすることから、元請が労災事故の発生そのものをいやがるということがあります。

また、労災保険給付がある程度以上になるとメリット制といって労災保険料の割引がなくなったり加算されることがあるので、元請がこれを避けたいということもあります。

しかしなによりも、当該下請が「次から仕事をもらえなくなると困る」というのが一番の動機です。

一時国民健康保険で治療を受けたとしても、医療機関は後日給付が保険者である地方自治体から回収されることがあり、それを避けるため医療機関によっては命に別状がなければほとんど治療をしないということもあります。

その結果として、重大な後遺障害が残ることもありますから、労災保険できちんと治療すべきです。

Q146

社長の息子が現場で負傷した場合でも、労働者死傷病報告は提出しなければならないのでしょうか？

Answer.

社長の息子が労働基準法上の労働者に該当するのであれば、提出しなければなりません。

しかし、役員であれば労働者ではありませんから、特別加入により労災保険給付を受けた場合であっても、提出する必要はありません。

Q147

地震、津波、台風等により被災した場合、労災保険の取扱いはどうなるのでしょうか？

Answer.

天災事変による被災は、原則として労災保険給付の対象とはなりません。

しかしながら、一定の場合には、その対象となります。

業務上災害とは、労働者が労働契約に基づき事業主の支配下にあることに伴う危険性が現実化したものと経験則上認められる場合をいいます。そのため、天災事変による災害の場合には、業務遂行中に発生したものであっても、一般的には業務起因性が認められないこととなります。

そもそも労災補償は、労働基準法に定める事業主の無過失責任を、国が運営する保険制度で担保するものです。これに対し天災事変は、事業主にとって不可抗力的に発生するものであり、その危険性は事業主の支配、管理下にあるかどうかに関係なく存在するわけで、個々の事業主に災害発生の責任を負わせるのは不適切といえます。

労災保険制度は事業主の責任を肩代わりする制度ですから、その不適切なものを給付することは妥当とはいえません。

しかしながら、当該被災労働者がどのような業務に従事していたか、あるいはその作業条件や作業環境、はたまた事業場施設の状況等を鑑みた場合、そのような天災事変によって災害を被りやすい事情が認められる場合には、その災害の危険は、同時に業務遂行に伴う危険としての性質を帯びていることとなり、事業主の支配下にあることに伴う危険性と認められることとなります。

昭和49年（1974年）5月に発生した伊豆半島沖地震に際して発生した災害について、厚生労働省（当時は労働省）は、次のものを業務上として取り扱いました（昭49.10.25基発2950号）。

1. 事務所が土砂崩壊により埋没したことによる災害

2. 作業現場でブロック塀が倒れたことによる災害

3. 選別作業場が倒壊したことによる災害

4. 岩石が落下し、売店が倒壊したことによる災害

5. 山腹に建設中の建物が土砂崩壊により倒壊したことによる災害

6. バス運転手が落石により被災した災害

7. 建設現場の足場から転落した災害

8. 工場から屋外へ避難する際の災害

9. 避難の途中、車庫内のバイクに衝突した災害

10. 倉庫から屋外へ避難する際の災害

これらの災害が業務上災害と認められた理由は次のとおりです。まず、1は地形、2は補強材がなかったこと、3は構造の脆弱性、4と6は落石、5はその立地条件と構造上の脆弱性、7は作業の性質という点での危険性がそれぞれ内在していたと認められます。そしてこれらの危険性が、地震を契機に現実化したものと認められることから、業務上災害とされたものです。

また、8から10については、業務に付随する行為であったことから、同様に業務上災害とされたものです。

最近では、ゲリラ豪雨により下水管内で作業していて流され、死亡した例などがあります。

以上の考え方は、阪神淡路大震災や、新潟中越地震、先の東日本大震災等でも基本的に踏襲されています。

なお、上記の例は個別性が強いので、実際の災害に基づいて労働基準監督署に請求が上がったものについて、個々の被災状況等を十分に検討した上で労働基準監督署長が個別に判断し業務上災害であるかどうかの決定をすることとなりますので、その点は注意する必要があります。

Q148

脳・心臓疾患や精神障害で労災保険給付がされた場合には、労働者死傷病報告の提出が必要なのでしょうか？

Answer.

労働者死傷病報告の提出が必要です。

労災保険給付がされたということは、業務上災害により休業し、又は死亡したわけですから、労働者死傷病報告を提出すべき場合に該当することとなります。この点はQ141を参照してください。

もっとも、実際の休業等をした時期から２年以上たっている場合には、災害統計に反映できないので、労働基準監督署としては受け付けにくいかもしれません。

Q149

通勤途中の災害については、休業があったとしても労働者死傷病報告の提出は必要ないと考えてよいのでしょうか？

Answer.

通勤途中の災害には、通勤災害に該当する場合と、通勤途中ではあるが業務上災害に該当する場合があり、後者については提出が必要です。

通勤とは、住居と職場の間の往復をいいます。労働者災害補償保険法第7条第2項において、「通勤とは、労働者が、就業に関し、次に掲げる移動を、合理的な経路及び方法により行うことをいい、業務の性質を有するものを除くものとする。」としています。

1. 住居と就業の場所との間の往復
2. 厚生労働省令で定める就業の場所から他の就業の場所への移動
3. 第1号に掲げる往復に先行し、又は後続する住居間の移動（厚生労働省令で定める要件に該当するものに限る。）

通勤がこの「業務の性質を有するもの」である場合には、業務上災害となります。休業があれば労働者死傷病報告を提出しなければなりません。

業務の性質を有するものとは、次のような場合が該当します。

1. 会社の自動車を運転中の災害
2. 業務で使用する商品、器材等を運搬中の災害（マイカーの場合を含む。）
3. 会社からの暗黙の指示等により同僚等を便乗させていた時の災害（同）

したがって、単に当該災害が通勤の途中で発生したということだけで判断せず、疑問がある場合には労働基準監督署に相談すべきです。

Q150

人災がない場合であっても、労働基準監督署に報告をしなければならない場合があるのでしょうか？

Answer.

労働基準監督署に報告しなければならない場合があります。

まずは、「事故報告」を提出すべき場合です。労働安全衛生法第100条の報告義務の規定を受けて労働安全衛生規則第96条では、「事業者は、次の場合は、遅滞なく、様式第22号による報告書を所轄労働基準監督署長に提出しなければならない。」と規定しています。「次の場合」というのは以下の場合です（建設現場に関係ないものを省いています。）。

1．事業場又はその附属建設物内で、次の事故が発生したとき

①火災又は爆発の事故（次号の事故を除く。）

②遠心機械、研削といしその他高速回転体の破裂の事故

③機械集材装置、巻上げ機又は索道の鎖（チェーン）又は索（ワイヤロープ）の切断の事故

④建設物、附属建設物又は機械集材装置、煙突、高架そう等の倒壊の事故

2．（略）

3．第二種圧力容器の破裂の事故が発生したとき

4．クレーン（クレーン則第2条第1号に掲げるクレーンを除く。）の次の事故が発生したとき

①逸走、倒壊、落下又はジブの折損

②ワイヤロープ又はつりチェーンの切断

5. 移動式クレーン（クレーン則第２条第１号に掲げる移動式クレーンを除く。）の次の事故が発生したとき

①転倒、倒壊又はジブの折損

②ワイヤロープ又はつりチェーンの切断

6.（略）

7. エレベーター（クレーン則第２条第２号及び第４号に掲げるエレベーター（注＝適用除外のもの）を除く。）の次の事故が発生したとき

①昇降路等の倒壊又は搬器の墜落

②ワイヤロープの切断

8. 建設用リフト（クレーン則第２条第２号及び第３号に掲げる建設用リフト（注＝適用除外のもの）を除く。）の次の事故が発生したとき

①昇降路等の倒壊又は搬器の墜落

②ワイヤロープの切断

9. 簡易リフト（クレーン則第２条第２号に掲げる簡易リフト（注＝適用除外のもの）を除く。）の次の事故が発生したとき

①搬器の墜落

②ワイヤロープ又はつりチェーンの切断

10. ゴンドラの次の事故が発生したとき

①逸走、転倒、落下又はアームの折損

②ワイヤロープの切断

なお、これらの事故であって人災を伴う場合には、労働者死傷病報告の提出も必要となるわけですが、その提出と併せて事故報告書の提出をしようとする場合には、当該報告書の記載事項のうち労働者死傷病報告の記載事項と重複する部分の記入は要しないとされています(同条第２項)。様式については、Q118を参照してください。

コラム16

大勢のお供を引き連れた話

労働基準監督署で大規模工事の指定をした現場がありました。指定をすると、元請の自主管理ということで、原則として立入調査には行かないのですが、クレーンやエレベーターの検査に行った職員が、その現場は安全衛生管理に問題があるので立入調査すべきとの意見でした。

大手ゼネコンの施工するその現場に行ってみると、なるほど工期が厳しいこともあり、結構安全衛生管理に問題がありましたので、是正勧告書等を交付することとなりました。

その現場が完工し、しばらくして私が別の工事現場に行ったとき、現場所長は同じ人でした。突然の立入調査なのに現場所長は、「よく来てくれました。ちょっと待ってもらえますか」というのです。

現場にアナウンスを流し、ゼネコンの若い社員が6、7人現れました。現場所長は、「今から労働基準監督官が現場パトロールをする。君たちはどのような指摘を受けるか勉強してきなさい」といい、「では、よろしくお願いします」。というわけで、社員研修に利用されたのです。

もっとも、きちんとしている元請の場合には、職長が1人同行し、私の指摘事項を聞いた所長がすぐその場で改善のための指示を出し、それぞれの業者にそれを伝えるようにしていました。

そのような場合、私は現場を一通り見た後で、「では、改善の確認に行きましょうか」といって、その日のうちに改善結果を確認するようにしていました。確認できた事項は、文書に「是正済」と書くのです。是正報告書を出さなくてよいように。

第12章

解雇、退職、健康管理手帳等

概 要

募集・採用を経て、いつかは解雇又は退職を迎えることとなります。また、石綿除去工事をはじめ、一定の有害業務に従事していた労働者については、離職の際、国の費用負担でその後の健康管理をする健康管理手帳制度があります。

本章では、解雇や退職にまつわる諸手続と合わせ、健康管理手帳について説明します。

Q151

労働者を解雇する場合には、どのようなことに
注意しなければならないのでしょうか？

Answer.

**原則として 30 日前に予告をするか、
平均賃金の 30 日分以上の解雇予告手当を
支払わなければなりません（労働基準法第 20 条）。**

労働基準法では、解雇の理由については特に定めていませんが、労働契約法第 16 条では「解雇は、客観的に合理的な理由を欠き、社会通念上相当であると認められない場合は、その権利を濫用したものとして、無効とする。」としています。つまり、正当な理由があるかどうかということが問題になるということです。

もっとも、我が国での解雇に対する規制の厳しさから、正社員を採用する企業の意欲が衰え、新卒者の採用が極めて低調になっている反面、派遣労働者等の非正規雇用が増えているといえましょう。

Q152

労働者を解雇してはいけないのは、どのような場合なのでしょうか？

Answer.

業務上災害（労災）で、療養のため仕事を休んでいる期間とその後30日間は、解雇が禁止されています（労働基準法第19条）。

また、労働基準法に定める産前産後休業中の女性について、その期間とその後30日間も同様です（同法第19条）。

さらに、労働基準法以外の法律で、「解雇その他の不利益取扱をしてはならない」場合が下記のとおり定められています。

○パート労働法

事業主は、短時間労働者が雇用関係に関する紛争の解決のため都道府県労働局長の援助を求めたことを理由として、当該短時間労働者に対して解雇その他不利益な取扱いをしてはならない（パート労働法第24条第2項）。

○男女雇用機会均等法

1. 事業主は、女性労働者が婚姻したことを理由として、解雇してはならない（男女雇用機会均等法第9条第2項）。
2. 事業主は、その雇用する女性労働者が妊娠したこと、出産したこと、労働基準法に定める産前産後休業を請求し、又はその休業をしたことその他の妊娠又は出産に関する事由であって厚生労働省令で定めるものを理由として、当該女性労働者に対して解雇その他不利益な取扱いをしてはならない（男女雇用機会均等法第9条第3項）。この厚生労働省令で定めるものは、以下のとおりである（男女雇用機会均等則第2条の2）。

①妊娠したこと。

②出産したこと。

③男女雇用機会均等法第12条若しくは第13条第1項の規定による措置を求め、又はこれらの規定による措置を受けたこと。

④労働基準法第64条の2第1号若しくは第64条の3第1項の規定により業務に就くことができず、若しくはこれらの規定により業務に従事しなかったこと又は同法第64条の2第1号若しくは女性が労働基準規則第2条第2項の規定による申出をし、若しくはこれらの規定により業務に従事しなかったこと。

⑤労働基準法第65条第1項の規定による休業を請求し、若しくは同項の規定による休業をしたこと又は同条第2項の規定により就業できず、若しくは同項の規定による休業をしたこと。

⑥労働基準法第65条第3項の規定による請求をし、又は同項の規定により他の軽易な業務に転換したこと。

⑦労働基準法第66条第1項の規定による請求をし、若しくは同項の規定により1週間について同法第32条第1項の労働時間若しくは1日について同条第2項の労働時間を超えて労働しなかったこと、同法第66条第2項の規定による請求をし、若しくは同項の規定により時間外労働をせず若しくは休日に労働しなかったこと又は同法第66条第3項の規定による請求をし、若しくは同項の規定により深夜業をしなかったこと。

⑧労働基準法第67条第1項の規定による請求をし、又は同条第2項の規定による育児時間を取得したこと。

⑨妊娠又は出産に起因する症状により労務の提供ができないこと若しくはできなかったこと又は労働能率が低下したこと。

3. 妊娠中の女性労働者及び出産後1年を経過しない女性労働者に対してなされた解雇は、無効とする。ただし、事業主が当該解雇が前項に規定する事由を理由とする解雇でないことを証明したときは、この限りでない（男女雇用機会均等法第9条第4項）。

4.事業主は、労働者が労働者と事業主との間の紛争について都道府県労働局長の援助を求めたことを理由として、当該労働者に対して解雇その他不利益な取扱いをしてはならない（男女雇用機会均等法第17条第2項）。

○育児・介護休業法

1.育児休業

事業主は、労働者が育児休業申出をし、又は育児休業をしたことを理由として、当該労働者に対して解雇その他不利益な取扱いをしてはならない（育児介護休業法第10条）。

2.介護休業

事業主は、労働者が子の看護休暇の申出をし、又は子の看護休暇を取得したことを理由として、当該労働者に対して解雇その他不利益な取扱いをしてはならない（育児介護休業法第16条の4）。

○労働組合法

労働者が労働組合の組合員であること、労働組合に加入し、若しくはこれを結成しようとしたこと若しくは労働組合の正当な行為をしたことの故をもって、その労働者を解雇してはならない（労働組合法第7条第1号）。

労働者が労働委員会に対し使用者が不当労働行為をした旨の申立てをしたこと若しくは中央労働委員会に対し同委員会が出した救済命令等に対する再審査の申立てをしたこと又は労働委員会がこれらの申立てに係る調査若しくは審問をし、若しくは当事者に和解を勧め、若しくは労働関係調整法による労働争議の調整をする場合に労働者が証拠を提示し、若しくは発言をしたことを理由として、その労働者を解雇し、その他これに対して不利益な取扱いをしてはならない（労働組合法第7条第4号）。

Q153
退職する場合には、ある程度前もって申し出るように定めることは可能なのでしょうか？

Answer.

可能です。

就業規則に「退職しようとする従業員は、その1か月前に申し出て会社の承認を受けること。ただし、申し出後14日を経過した場合には、退職できるものとする。」といった規定を設けておくことになります。

いつまでに申し出なければならないとするかは、会社側の自由ですが、14日を超えてその期間を強制することはできません。

Q154

無断退職した労働者であっても、賃金を支払う必要があるのでしょうか？

Answer.

賃金の全額払いの原則により、全額を支払わなければなりません。

しかしながら、前問のように就業規則に規定した上で、「14日以上前に退職の申し出をしないで退職した場合には、就業規則違反として平均賃金の半額をカットする」程度の制裁は可能です。

また、無断退職により、会社が具体的な損害を被ったのであれば、その損害を本人に請求することはかまいません。ただし、そのような場合であっても、本人の同意なく一方的に損害額と賃金との相殺をすることは認められません。

Q155

解雇予告手当を支払わずに即時解雇することができるのは、どのような場合なのでしょうか？

Answer.

日雇労働者の場合など、四つの場合が定められています（労働基準法第21条）。

しかしながら、これらの者についても、次の表の右欄の要件を満たした場合には、原則に立ち返り、解雇の予告又は予告手当の支払いが必要となります。

	予告制度が適用されない者	例外（予告制度が適用される場合）
1	日日雇い入れられる者	１か月を超えて引き続き使用される至った場合
2	２か月以内の期間を定めて使用される者	所定の期間を超えて引き続き使用されるに至った場合
3	季節的業務に４か月以内の期間を定めて使用される者	所定の期間を超えて引き続き使用されるに至った場合
4	試の使用期間中の者	14日を超えて引き続き使用されるに至った場合

Q156

労働者に落ち度がある場合でも、解雇予告手当の支払いが必要なのでしょうか？

Answer.

懲戒解雇等の一定の要件を満たしていることについて、所轄労働基準監督署長に「解雇予告除外認定申請」を行いその認定を受けた場合には、解雇予告手当を支払うことなく即時解雇できます（労働基準法第 20 条ただし書）。

認定が受けられるのは、次のような場合です（昭 23.11.11 基発 1637 号、昭 31.3.1 基発 111 号）。

1. 原則として極めて軽微なものを除き、事業場内における盗取、横領、傷害等刑法犯に該当する行為のあった場合、また一般的にみて「極めて軽微」な事案であっても、使用者があらかじめ不祥事件の防止について諸種の手段を講じていたことが客観的に認められ、しかもなお労働者が継続的に又は断続的に盗取、横領、傷害等の刑法犯又はこれに類する行為を行った場合、あるいは事業場外で行われた盗取、横領、傷害等刑法犯に該当する行為であっても、それが著しく当該事業場の名誉もしくは信用を失ついするもの、取引関係に悪影響を与えるもの又は労使間の信頼関係を喪失せしめるものと認められる場合。

2. 賭博、風紀紊乱等により職場規律を乱し、他の労働者に悪影響を及ぼす場合。また、これらの行為が事業場外で行われた場合であっても、それが著しく当該事業場の名誉もしくは信用を失ついするもの、取引関係に悪影響を与えるもの又は労使間の信頼関係を喪失せしめるものと認められる場合。

3. 雇入れの際の採用条件の要素となるような経歴を詐称した場合及び雇入れの際、使用者の行う調査に対し、不採用の原因となるような経歴を詐称した場合。

4．他の事業場へ転職した場合。

5．原則として２週間以上正当な理由なく無断欠勤し、出勤の督促に応じない場合。

6．出勤不良又は出欠常ならず、数回に亘って注意をうけても改めない場合。

労働基準監督署では、この認定に当たっては、必ずしもこれらの個々の例示にこだわることなく総合的かつ実質的に判断することとされています。

そもそも「労働者の責に帰すべき事由」とは、労働者の故意、過失又はこれと同等と認められる事由のことですが、判定に当たっては、労働者の地位、職責、継続勤務年限、勤務状況等を考慮の上、総合的に判断すべきであり、「労働者の責に帰すべき事由」が労働基準法第20条の保護を与える必要のない程度に重大又は悪質なものであり、したがってまた使用者に対してこのような労働者に30日前に解雇の予告を強制することが当該事由と比較して均衡を失するようなものに限って認定すべきであるとされています。

ところで、就業規則等に懲戒解雇事由が規定されている場合であっても、労働基準監督署はそれに拘束されないとされています（同通達）。

この申請は事前に、つまり解雇の通知をする前に提出しなければなりません。そして労働基準監督署が直接本人から事情を聴く時間的な余裕も考慮すべきです。ただし、書類が労働基準監督署に受理されれば、認定前でも解雇通知はできます。不認定になった場合には解雇予告手当を支払わなければなりません。

様式第3号（第7条関係）

解雇予告除外認定申請書

事業の種類	事業の名称			事業の所在地
土木工事業	大角建設株式会社			東京都大田区西六郷 1-2-34 03(0000)0000
労働者の氏名	性別	雇入年月日	業務の種類	労働者の責に帰すべき事由
初音太郎	(男)女	令和0年 5月 13日	土工	雇入当日の夜、寄宿舎内で飲酒の上同僚を暴行したもの
	男女	年 月 日		
	男女	年 月 日		
	男女	年 月 日		
	男女	年 月 日		

令和0年 00月 00日

使用者 職名 代表取締役
氏名 大角力三郎 ㊞

大田 労働基準監督署長 殿

Q157

病気で仕事を休んだ場合、ある程度の期間を待っても復職できない場合は退職とすることはできるのでしょうか？

Answer.

就業規則にその旨の規定を設けておけば可能です。

一般に、病気等で仕事を休まざるを得ない場合、就業規則で休職期間を定める会社が多いものです。そして、その「休職期間が満了しても復職できない場合は退職とする」と規定しておくことにより、解雇ではなく一種の自然退職として扱うことが可能です。

なお、休職期間は、勤続年数や休職事由等により差を設けているのが一般的です。

Q158

退職した労働者が出身地に帰るというとき、旅費を支給しなければならないのでしょうか？

Answer.

労働基準法上は、必ずしも支給しなければならないわけではありません。

しかしながら、あらかじめ示した労働条件が実際と違う場合には、労働者は即時労働契約を解除することができます（労働基準法第15条第2項）。そして、就業のために住居を変更した労働者が、契約解除の日から14日以内に帰郷する場合においては、使用者は、必要な旅費を負担しなければならない（同条第3項）ものです。

それ以外の場合には、事前にその旨の契約又は約束がある場合を除き、支給しなくてもかまいません。

Q159
契約期間満了は、解雇ではないのでしょうか？

Answer.
解雇ではありません。自然退職です。

しかしながら、期間の定めのある契約が何回か更新されているなどの場合には、例外が定められています。

「有期労働契約の締結、更新及び雇止めに関する基準」(平15厚生労働省告示357号、平20改正）第2条では、有期労働契約であって、当該契約を3回以上更新し、又は雇入れの日から起算して1年を超えて継続勤務している者に係るものついては、あらかじめ当該契約を更新しない旨明示されているものでない限り、更新しないこととしようとする場合には、少なくとも当該契約の期間の満了する日の30日前までに、その予告をしなければならない、として、解雇と同様に扱っています。

Q160
天災事変で事業が継続不可能となったとき、労働者を解雇する場合の手続はどうすればよいのでしょうか？

Answer.
行政官庁の認定を受ければ解雇は可能です。

地震、津波、台風等の天災事変により事業の継続が不可能となった場合には、その事由について行政官庁の認定（解雇制限除外認定申請）を受ければ、解雇制限が定められている次の労働者を解雇することが可能です（労働基準法第19条ただし書）。

1．業務上負傷し、又は疾病にかかり療養のために休業する期間及びその後30日間

2．産前産後の女性が第65条の規定によって休業する期間（産前産後休業）及びその後30日間

また、それ以外の労働者については、天災事変その他やむを得ない事由のために事業の継続が不可能となった場合として行政官庁の認定（解雇予告除外認定申請）を受ければ、解雇予告手当を支払うことなく即時解雇できます（労働基準法第20条ただし書）。

これらの「天災事変その他やむを得ない事由のため事業の継続が不可能となった」として、労働基準監督署に認定申請がなされた場合には、申請事由が「天災事変その他やむを得ない事由」と解されるだけでは充分ではなく、そのために「事業の継続が不可能」になることが必要であり、また、逆に「事業の継続が不可能」になってもそれが「やむを得ない事由」に起因するものでない場合には、認定されないとされています（昭63.3.14基発150号）。

具体的な取扱いについては、次のとおりです。

1.「やむを得ない事由」とは、天災事変に準ずる程度に不可抗力に基づきかつ突発的な事由の意味であり、事業の経営者として、社会通念上とるべき必要な措置を講じたとしても通常どうにもできないような状況にある場合をいう。

（1）次のような場合は、これに該当する。

①事業場が火災により焼失した場合。ただし、事業主の故意又は重大な過失に基づく場合を除く。

②震災に伴う工場、事業場の倒壊、類焼等により事業の継続が不可能となった場合。

（2）次のような場合は、これに該当しない。

①事業主が経済法令違反のため強制収容され、又は購入した諸機械、資材等を没収された場合。

②税金の滞納処分を受け事業廃止に至った場合。

③事業経営上の見通しの齟齬のような事業主の危険負担に属すべき事由に起因して資材入手難、金融難に陥った場合。個人企業で別途に個人財産を有するか否かは本条の認定には直接関係がない。

④従来の取引事業場が休業状態となり、発注品なく、そのために事業が金融難に陥った場合。

2.「事業の継続が不可能になる」とは、事業の全部又は大部分の継続が不可能になった場合をいうのであるが、例えば当該事業場の中心となる重要な建物、設備、機械等が焼失を免れ多少の労働者を解雇すれば従来通り操業できる場合、従来の事業は廃止するが多少の労働者を解雇すればそのまま別個の事業に転換できる場合のように事業がなおその主たる部分を保持して継続しうる場合、又は一時的に操業中止のやむなきに至ったが、事業の現況、資材、資金の見通し等から全労働者を解雇する必要に迫られず、近く再開復旧の見込が明かであるような場合は含まれないものであること。

様式第2号（第7条関係）

解雇制限
解雇予告　除外認定申請書

<table>
<tr><td>事業の種類</td><td>事業の名称</td><td colspan="6">事業の所在地</td></tr>
<tr><td>道路工事業</td><td>渥美土木株式会社</td><td colspan="6">小田原市栢山 1234 番地
0465(00)0000</td></tr>
<tr><td colspan="2">天災事変その他やむを得ない事由のために
事業の継続が不可能となった具体的事情</td><td colspan="6">除外を受けようとする労働者の範囲</td></tr>
<tr><td colspan="2" rowspan="3">0月0日の台風00号により
酒匂川が氾濫し、
会社の建物が全壊、機械類も
流失しました。
再建の資金がなく
銀行の融資も得られないので
廃業するため。</td><td>業務上の傷病により療養するもの</td><td>男 0 人</td><td>女 0 人</td><td rowspan="2" colspan="3">計 0 人</td></tr>
<tr><td>産前産後の女性</td><td colspan="2">0 人</td></tr>
<tr><td>法第20条第1項但書前段の事由に基づき即時解雇しようとする者</td><td>男 5 人</td><td>女 1 人</td><td colspan="3">計 6 人</td></tr>
</table>

令和 0年 00月 00日

使用者　職名 代表取締役
氏名 渥美守夫　㊞

小田原 労働基準監督署長　殿

Q161

退職又は解雇した労働者から雇っていたことの証明を求められた場合には、文書を出さなければならないのでしょうか？

Answer.

退職証明書又は解雇理由証明書を提出してください。

出さなければならないものとして、次の二つの場合があります。

○退職証明書

労働者が、退職の場合において、使用期間、業務の種類、その事業における地位、賃金又は退職の事由（退職の事由が解雇の場合にあっては、その理由を含む。）について証明書を請求した場合においては、使用者は、遅滞なくこれを交付しなければなりません（労働基準法第22条第1項）。これが退職証明書です。厚生労働省の通達によりモデル様式が示されています。

この証明書には、労働者の請求しない事項を記入してはなりません（同条第3項）。

また、使用者は、あらかじめ第三者と謀り、労働者の就業を妨げることを目的として、労働者の国籍、信条、社会的身分もしくは労働組合運動に関する通信をし、又はこの証明書に秘密の記号を記入してはなりません（同条第4項）。

○解雇理由についての証明書

労働者が、労働基準法第20条第1項の解雇の予告がされた日から退職の日までの間において、当該解雇の理由について証明書を請求した場合においては、使用者は、遅滞なくこれを交付しなければなりません(同法第22条第2項)。ただし、解雇の予告がされた日以後に労働者が当該解雇以外の事由により退職した場合においては、使用者は、当該退職の日以後、これを交付することを要しません(同条第2項)。

退職事由に係るモデル退職証明書

高石好男 殿

以下の事由により、あなたは当社を0年00月00日に退職したことを証明します。

令和0年 00月 00日
事業主氏名又は名称 大角建設株式会社
使用者職氏名 代表取締役 大角力三郎

① あなたの自己都合による退職 (②を除く。)
② 当社の勧奨による退職
③ 定年による退職
④ 契約期間の満了による退職 (○)
⑤ 移籍出向による退職
⑥ その他 (具体的には　　　　　　) による退職
⑦ 解雇 (別紙の理由による。)

※ 該当する番号に○を付けること。
※ 解雇された労働者が解雇の理由を請求しない場合には、⑦の「(別紙の理由による。)」を二重線で消し、別紙は交付しないこと。

別 紙

ア 天災その他やむを得ない理由 (具体的には、

によって当社の事業の継続が不可能になったこと) による解雇

イ 事業縮小等当社の都合 (具体的には、当社が、

となったこと。) による解雇

ウ 職務命令に対する重大な違反行為 (具体的には、あなたが

したこと。) による解雇

エ 業務について不正な行為 (具体的には、あなたが

したこと。) による解雇

オ 相当長期間にわたる無断欠勤をしたこと等勤務不良であること (具体的には、あなたが

したこと。) による解雇

カ その他 (具体的には、

) による解雇

※ 該当するものに○を付け、具体的な理由等を( )の中に記入すること。

Q162

健康管理手帳とは、どのようなものなのでしょうか？

Answer.

労働安全衛生法に定める一定の健康に有害な業務に従事した労働者で、一定の要件に該当する方について、離職後の健康管理を国の費用負担で行うものです。

交付後指定された診療機関で受診すると、受診費と交通費が国から支払われます。

健康管理手帳が交付されるのは、次の表の左欄に掲げる業務に従事した方で、右欄の要件に該当するものです（労働安全衛生法第 67 条、労働安全衛生法施行令第 23 条、労働安全衛生規則第 53 条）。

交付手続は、離職労働者の住所地の都道府県労働局労働基準部の安全健康課又は健康課に対して行います。

会社としては、この表の業務に従事した労働者に対し、健康管理手帳の交付制度を説明すると共に、その申請のため、従事歴等の証明など必要な手続に協力する必要があります。

業務	要件
令第23条第1号、第2号又は第12号の業務 1 ベンジジン及びその塩（これらの物をその重量の1％を超えて含有する製剤その他の物を含む。）を製造し、又は取り扱う業務 2 ベータ-ナフチルアミン及びその塩（これらの物をその重量の1％を超えて含有する製剤その他の物を含む。）を製造し、又は取り扱う業務 12 ジアニシジン及びその塩（これらの物をその重量の1％を超えて含有する製剤その他の物を含む。）を製造し、又は取り扱う業務	当該業務に3月以上従事した経験を有すること。
令第23条第3号の業務 粉じん作業（じん肺法第2条第1項第3号に規定する粉じん作業をいう。）に係る業務	じん肺法第13条第2項（同法の他の条文において準用する場合を含む。）の規定により決定されたじん肺管理区分が管理2又は管理3であること。
令第23条第4号の業務 クロム酸及び重クロム酸並びにこれらの塩（これらの物をその重量の1％を超えて含有する製剤その他の物を含む。）を製造し、又は取り扱う業務（これらの物を鉱石から製造する事業場以外の事業場における業務を除く。）	当該業務に4年以上従事した経験を有すること。
令第23条第5号の業務 無機砒（ひ）素化合物（アルシン及び砒（ひ）化ガリウムを除く。）を製造する工程において粉砕をし、三酸化砒（ひ）素を製造する工程において焙（ばい）焼若しくは精製を行い、又は砒（ひ）素をその重量の3％を超えて含有する鉱石をポット法もしくはグリナワルド法により製錬する業務	当該業務に5年以上従事した経験を有すること。
令第23条第6号の業務 コークス又は製鉄用発生炉ガスを製造する業務（コークス炉上においてもしくはコークス炉に接して又はガス発生炉上において行う業務に限る。）	当該業務に5年以上従事した経験を有すること。
令第23条第7号の業務 ビス（クロロメチル）エーテル（これをその重量の1％を超えて含有する製剤その他の物を含む。）を製造し、又は取り扱う業務	当該業務に3年以上従事した経験を有すること。
令第23条第8号の業務 ベリリウム及びその化合物（これらの物をその重量の1％を超えて含有する製剤その他の物（合金にあっては、ベリリウムをその重量の3％を超えて含有するものに限る。）を含む。）を製造し、又は取り扱う業務（これらの物のうち粉状の物以外の物を取り扱う業務を除く。）	両肺野にベリリウムによるび慢性の結節性陰影があること。

令第23条第9号の業務 ベンゾトリクロリドを製造し、又は取り扱う業務（太陽光線により塩素化反応をさせることによりベンゾトリクロリドを製造する事業場における業務に限る。）	当該業務に3年以上従事した経験を有すること。
令第23条第10号の業務 塩化ビニルを重合する業務又は密閉されていない遠心分離機を用いてポリ塩化ビニル（塩化ビニルの共重合体を含む。）の懸濁液から水を分離する業務	当該業務に4年以上従事した経験を有すること。
令第23条第11号の業務 （石綿等を製造し、又は取り扱う業務に限る。） 石綿等の製造又は取扱いに伴い石綿の粉じんを発散する場所における業務（直接取扱う業務）	次のいずれかに該当すること。 1 両肺野に石綿による不整形陰影があり、又は石綿による胸膜肥厚があること。 2 石綿等の製造作業、石綿等が使用されている保温材、耐火被覆材等の張付け、補修若しくは除去の作業、石綿等の吹付けの作業又は石綿等が吹き付けられた建築物、工作物等の解体、破砕等の作業（吹き付けられた石綿等の除去の作業を含む。）に1年以上従事した経験を有し、かつ、初めて石綿等の粉じんにばく露した日から10年以上を経過していること。 3 石綿等を取り扱う作業（前号の作業を除く。）に10年以上従事した経験を有していること。 4 前2号に掲げる要件に準ずるものとして厚生労働大臣が定める要件に該当すること。
令第23条第11号の業務 （石綿等を製造し、又は取り扱う業務を除く。） 石綿等の製造又は取扱いに伴い石綿の粉じんを発散する場所における業務（間接業務）	両肺野に石綿による不整形陰影があり、又は石綿による胸膜肥厚があること。
令第23条第13号の業務 1・2－ジクロロプロパン（これをその重量の1％を超えて含有する製剤その他の物を含む。）を取り扱う業務（厚生労働省令で定める場所における印刷機やその他の設備の清掃の業務に限る。）	当該業務に2年以上従事した経験を有すること。
令第23条第14号の業務 オルトートルイジン（これはその重量の1％を超えて含有する製剤その他の物を含む。）を製造し、又は取り扱う業務	当該業務に5年以上従事した経験を有すること。

Q163

健康管理手帳が交付されると、発病した場合すぐに労災保険で治療を受けられるのでしょうか？

Answer.

健康管理手帳は、労働者の健康管理を行うものであり、労災保険による治療とは直接関係がありません。

健康管理手帳は、離職した労働者の健康管理を国の費用負担で行うものです。交付は、離職労働者の住居地を管轄する都道府県労働局長が行います。

労災保険による治療が必要となった場合には、改めて当該有害業務に従事していた会社（事業場）の所在地を管轄する労働基準監督署の労災課に、労災給付申請を行う必要があります。

その請求を受けて、労働基準監督署が有害業務への従事歴や、疾病の状況等を確認した後、労災保険給付の可否が決定されます。健康管理手帳の交付を受けているということが、当該有害業務に従事していたことの証明になるわけですが、元となる法律が労働安全衛生法と労働者災害補償保険法と別であることから、別の手続が必要となり、改めて従事歴等の調査が行われるものです。

なお、健康管理手帳が交付された段階では、労災保険による治療は必要ないと認められたということであり、治療が必要な場合には、健康管理手帳による健康管理（健康診断）は中断します。

様式第７号（第５３条関係）

健康管理手帳交付申請書

手帳の種類	ベンジジン等、じん肺、クロム酸等、砒素、コールタール、ビス（クロロメチル）エーテル、ベリリウム、ベンゾトリクロリド、塩化ビニル、石綿		
(ふりがな) 氏　　名	まつした　としふみ 松下敏史	性　別	男・女
生年月日	（明治・大正・昭和・平成）　00年　00月　00日生		
住　　所	郵便番号 神奈川 都道府県 横浜市港南区日限山0-0-00 電話　045（　000　）0000		
本籍地	北海 都道府県		

労働安全衛生法第６７条の規定により、健康管理手帳を交付されたく、関係書類を添えて申請します。

令和0年　00月　00日

申請者　松下敏史　㊞

神奈川　労働局長　殿

備考

1　労働安全衛生規則第53条第３項の書類を添付すること。

2　氏名を掲載し、押印をすることに代えて、署名することができる。

第13章

労働基準監督署への対応

概要

建設工事を開始するときには、「適用事業報告」、「時間外労働及び休日労働に関する協定届」、「就業規則届」（自社だけで労働者数が10人以上になるとき）の提出が必要です。また、元請の場合であって、協力会社を含めて労働者数が10人以上となるときは、「特定元方事業開始報告」の提出も必要です。元請はさらに現場の労災保険について「保険関係成立届」の提出も必要です。

これらの書類を元に、労働基準監督署が呼出調査をしたり、現場への立入調査（臨検監督）をしたりすることがあります。近年は、労災事故が以前より減ったことと、第1章で述べました過労死等が発生していることと、「働き方改革」に基づく改正労働基準法の施行を踏まえて、労働時間管理の状況を調べることに力点を置いたものが増えています。

本章では、これらの労働基準監督署の調査についての対応について説明します。

Q164

労働基準監督署から「自主点検票」が届きましたが、どのようにすればよいのでしょうか？

Answer.

**自社の状況を記載し、
集計表など提出を求められているページのみを
労働基準監督署に郵送又はファクシミリで
送信してください。**

「法違反」に該当する部分については、「○月○日ころ是正予定」ということが記載されていることが重要です。

これは、業界の名簿などをもとに通信調査をするもので、返送された内容によって立入調査が必要かどうかをふるい分けるためのものです。したがって、回答部分があまりにきれいすぎるとかえって疑われる可能性もあります。

むしろ正直に記載して、発注者や元請への指導を求めるという考え方もあり得るでしょう。

【提出用】
長時間労働の抑制･過重労働による健康障害防止のための自主点検結果報告書

（平成 00 年 00月 00 日）

事業場の名称	村本工業株式会社	代表者職氏名	村本芳広
所在地	横浜市緑区鉄町 385-4 TEL 045（000）0000	業種	建築工事
		資本金等の額	3,000 万円
点検者職氏名	代表取締役 村本芳広	労働者数	62 人
		（企業全体）	110 人

＊ 別添の「長時間労働の抑制・過重労働による健康障害防止のための自主点検表」の「点検の結果」欄の該当番号等を下表の「点検の結果」欄に、改善を要する場合の改善予定日を「改善の予定」欄に、それぞれ記入の上、ＦＡＸ等により報告してください。

なお、別添の「長時間労働の抑制のための自主点検表」を提出していただく必要はありません。

本個表を行政目的以外で使用することはありません。

点検項目			点検の結果		改善の予定	
1 時間外・休日労働時間の実績	(1)	A＋B 時間外・休日労働時間数	月 137 時間		—	毎日の人員募集をインターネット・携帯サイトと朝刊折込広告で行っている。 —
		A 時間外労働時間数	月 115 時間			
		B 休日労働時間数	月 25 時間			
		労働させた時期	平成 00 年 0 月期			
	(2)	1か月100時間超え	9 人	（主な職種、業務）土工		
		1か月80時間超え100時間以内	41 人	（主な職種、業務）土工		
	(3) 直近1年間の最長労働者		年1,126.5時間	（職種、業務）土工		
2 特別条項付き時間外労働協定	(1) 締結及び届出		1		（2，3の場合）	平成 年 月 日
	(2)	ア 具体的な業務の内容・事由	急な仕様変更や天候による工程変更に対応するため		特別条項に適合していない場合	平成 年 月 日
		イ 回数（月数）	6 回（ 月）			平成 年 月 日
		ウ 労使協定で定めた手続	1		（2，3の場合）	平成 年 月 日
	(3) 割増賃金率の定め		1		（2，3の場合）	平成 年 月 日
	(4) 労働者への周知		1		（4，5の場合）	平成 年 月 日
3 健康診断			1		（2，3の場合）	平成 年 月 日
4 衛生委員会等	(1) 設置等		1		（3，4場合）	平成 年 月 日
	(2) 開催		1		（2～4の場合）	平成 年 月 日
	(3) 意見聴取		1		（2の場合）	平成 年 月 日
5 医師による面接指導	(1) 実施		1		（2，3の場合）	平成 年 月 日
	(2) 人数		0 人		—	—
6 医師による面接指導等（5以外）			2		（3，4の場合）	平成 年 月 日
			（1の場合の制度の内容）		—	—
7 ストレスチェック			4		（3，4の場合）	平成 00年 00月 00 日

Q165
「自主点検票」の結果を提出しないと、どうなるのでしょうか？

Answer.
労働基準監督署の立入調査を受ける可能性が高まります。

前問で述べましたように、「自主点検票」は、立入調査が必要な会社であるかどうかをふるい分けるために送ってきたものです。封筒や、回答する用紙に番号が振ってあるのが確認できると思います。これによって、回答がない企業を絞り出して、立入調査の対象にしています。

Q166

「○月○日午後○時に来署してください」との文書が届きましが、どのようにすればよいのでしょうか？

Answer.

その日時に都合が付けば、労働基準監督署に求められた書類を持って行ってください。

その日時に都合が悪い場合には、当該来署依頼文書に書かれている連絡先（担当者）あてに電話し、日時の変更を求めてください。たいていの場合は変更に応じてくれるはずです。

また、持参するようにとの書類は、次のようなものが多いようです。

1. 労働者名簿（労働基準法第 107 条）
2. 賃金台帳（過去何か月かの分）（同法第 108 条）
3. 労働時間の記録（同法第 109 条）
4. 健康診断記録（労働安全衛生法第 100 条、労働安全衛生規則第 51 条）
5. 雇入通知書又は雇用契約書（労働基準法第 15 条）
6. 時間外労働及び休日労働に関する協定届（事業場控え分）（同法第 36 条）
7. その他

なお、この呼出は労働保険料の計算に問題がないかどうかの調査（労働保険料算定基礎調査）の場合もあります。その場合には、主として労働保険料の申告に関する書類と共に賃金台帳を見ることが多いようです。

Q167

労働基準監督署の呼出に対し、社会保険労務士に依頼することができるのでしょうか？

Answer.

社会保険労務士に依頼可能です。

その場合、社会保険労務士が事業主に代わって労働基準監督署の質問等に答えることになります。

これを社会保険労務士法では「事務代理」といっており、当該社会保険労務士は、事務代理する権限を有することを証する書面を行政機関に提出しなければなりません（社会保険労務士法施行規則第16条の2第1項）。

この「事務代理する権限を有することを証する書面」とは、要するに会社から当該社会保険労務士に対する委任状のことです。

これがないと、労働基準監督署は当該社会保険労務士を御社の代理人と認めてくれないことになります。

なお、当該社会保険労務士は、行政機関等から御社に対して指導等が行われたときは、その内容を御社に通知する義務があります（同規則第16条の4）。

しかも、当該行政機関が事務代理をされた内容等についてその確認等のために必要があると認めるときは、御社に直接必要な報告を求め、あるいは出頭を求めて事情を聴くことができる（同規則第16条の5）とされていますので、ご留意ください。

Q168
会社や工事現場に直接労働基準監督署の立入調査が入ることがあるのでしょうか？

Answer.

ありえます。

一般的には、予告無しで来ます。

労働基準法第101条第1項では、「労働基準監督官は、事業場、寄宿舎その他の附属建設物に臨検し、帳簿及び書類の提出を求め、又は使用者若しくは労働者に対して尋問を行うことができる。」と定めていますし、労働安全衛生法第91条第1項では、「労働基準監督官は、この法律を施行するため必要があると認めるときは、事業場に立ち入り、関係者に質問し、帳簿、書類その他の物件を検査し、若しくは作業環境測定を行い、又は検査に必要な限度において無償で製品、原材料若しくは器具を収去することができる。」と定めています。

これらの場合において、「労働基準監督官は、その身分を示す証票を携帯し、関係者に提示しなければならない。」（労働基準法第101条第2項、労働安全衛生法第91条第3項）とされており、いずれもこれらの規定による「立入検査の権限は、犯罪捜査のために認められたものと解釈してはならない。」とされています。

立入調査の場合には、ときに労働基準監督官でない方が役所を騙ってくる場合もないとは限りませんから、その身分証明書を確認することは必要かもしれません。これは、筆者の経験に基づく感想です。

なお、労働基準監督署では、この立入調査のことを「臨検」「臨検監督」「監督」「監督指導」などと呼んでいます。

Q169

立入調査は、何がきっかけで当社が選定されるのでしょうか？

Answer.

厚生労働省の発表では、立入調査には次の三つの場合があるとされています。

区分	対象
定期監督等	毎月一定の計画に基づいて実施する監督のほか、一定の重篤な労働災害又は火災・爆発等の事故について、発生直後にその原因究明および同種災害の再発防止等のために行う監督を含む。
申告　監督	労働者等からの申告に基づいて実施する監督
再　監　督	定期監督、申告監督の際に法違反を指摘した事業場のうち、一定のものについて法違反の是正の有無を確認するために行う監督

おおざっぱにいえば、たまたま対象に当たった、労災事故等があった、労働者等からの連絡に基づく立入り、前に指導等を受けた事項の確認のため、ということになります。

実際に来た担当官にその旨尋ねてみてもよいでしょう。担当官によっては教えてくれることもあります。

Q170
呼出調査や立入調査の結果、どのような処分を受けるのでしょうか？

Answer.
基本的には行政指導です。

労働基準法や労働安全衛生法違反が認められれば是正勧告書が交付されます。工事現場や寄宿舎への立入調査では、法違反があり、しかも労働災害発生の危険が高いと認められると「使用停止等命令書」が交付されることもあります。

法違反ではないが改善が必要という場合には、「指導票」という行政指導文書が交付されます。そして、是正勧告書、指導票、使用停止等命令書のいずれの場合であっても、その改善状況について「是正報告書」を提出するように求められます。これが期日までに提出されませんと、労働基準監督署としては「問題がある企業」と考える可能性が高いでしょう。

なお、「使用停止等命令書」は行政指導ではなく行政処分であり、労働基準監督署としてはより強い権限行使ですから、なるべく早く必要な改善をし、その結果を労働基準監督署長に報告する必要があります。万一これを怠ると、そもそもの法令違反に加えて「命令違反」という法違反(労働基準法第103条、労働安全衛生法第98条、第99条違反)が追加されることになります。

Q171

「司法処分」という言葉を聞きますが、どのようなことなのでしょうか？

Answer.

労働基準法・労働安全衛生法違反等により検察庁に送検（検挙）するという意味です。

検察庁に送検されると、罰金、禁錮又は懲役刑に処せられることがあります。警察署に告発するのではなく、労働基準監督署が直接捜査をして送検することに注意が必要です。

労働基準監督官は司法警察員の職務を行うこととされてる（労働安全衛生法第92条ほか）からです。

労働基準監督署の司法処分が警察署と違うのは、両罰規定といって、法人も処罰の対象になることです。

法人組織ではない場合には、代表者個人も処罰の対象になります。

近年、労災死亡事故が以前より減ってきていることから、死亡に至らない場合でも司法処分されるケースが増えています。

また、過労死等のような例も、労災認定されると法令違反の有無が調べられ、違法な長時間労働などの法令違反が認められると司法処分されることが多くなっています。

さらには、死傷災害が発生した場合であって、是正勧告書が交付されたり司法処分されると、法令違反が原因で労働災害が発生したと認定されたことから、都道府県労働局長から会社に対して費用徴収（協力会社の場合には求償）が行われることになります。

労災保険に対する一種の弁償であり、労災保険給付額の40%を上限としていますので、かなりの額になる場合があります。

是　正　報　告　書

~~平成~~令和　0年　00月　00日

大田労働基準監督署長　殿

事業の名称　大角建設株式会社
所在地　東京都大田区西六郷1-2-34
代表者職氏名　代表取締役　大角力三郎　印

~~平成~~令和　0年　00月　00日貴署　池田信夫（監督官）・技官から~~使用停止命令書、~~（是正勧告書）・（指導票）により是正改善指示された事項について、下記1のとおり改善しましたので報告します。

なお、指摘事項のうち法条項、番号を□印で囲んだものについては、同種違反等の繰返しを防止するため下記2のとおり点検整備体制を確立し実施しておりますので併せて報告します。

記　1

1.違反条文等	是正年月日	是　正　内　容（使用停止命令書によるものは写真を添付すること）
労働安全衛生法第66条	令和0年00月00日	深夜業従事者の一部に定期健康診断を6か
		月ごとに実施していない者がいましたの
		で、もれのないように受診させます。
同法第45条	令和0年00月00日	0.5立米のバックホウに特定自主検査の
		ステッカーが貼っていなかったので直ち
		に貼りました。
労働基準法第96条	令和0年00月00日	寄宿舎の2階の非常階段が一部壊れてい
		ましたので、新しい避難用タラップと交
		換し、2か所の階段としました。

著者略歴

村木宏吉

労働衛生コンサルタント（町田安全衛生リサーチ代表）

昭和 52 年（1977 年）に旧労働省に労働基準監督官として採用され、北海道労働基準局、東京局、神奈川局管内各労働基準監督署及び局勤務を経て、神奈川局労働基準部労働衛生課の主任労働衛生専門官を最後に退官。元労働基準監督署長。労働基準法、労働安全衛生法及び労災保険法関係の著作あり。また、労務管理や安全衛生管理に関して企業への助言や顧問のほか安全大会などでの講演活動を行っている。

建設業
働き方改革と労務知識 Q&A

2019 年 11 月 12 日　第 1 版第 1 刷発行

編　著　村　木　宏　吉

発行者　箕　浦　文　夫

発行所　株式会社大成出版社

〒156-0042
東京都世田谷区羽根木1-7-11
電話 03（3321）4131（代）
https://www.taisei-shuppan.co.jp/

印刷　亜細亜印刷

落丁・乱丁はおとりかえいたします。

ISBN978-4-8028-3342-4